JN041984

希望の未来への招待状

持続可能で公正な経済へ

マーヤ・ゲーペル 著

三崎和志・大倉茂・府川純一郎・守博紀 訳

大月書店

私のすばらしい娘，ユーナとヨゼフィーナに

UNSERE WELT NEU DENKEN - EINE EINLADUNG
by Maja Göpel
© by Ullstein Buchverlage GmbH, Berlin.

Published in 2020 by Ullstein Verlag
Published by arrangement through
Meike Marx Literary Agency, Japan

日本の読者への招待状

マーヤ・ゲーペルさんの本がはじめて日本でも読めるようになること、本当にうれしく思います。マーヤは、サスティナビリティやシステム思考の研究者と実践家のグローバルなネットワークである「バラトン・グループ」のメンバーで、何度も一緒に合宿をし、いろいろな議論をしてきた仲間の一人です。

最近のマーヤは、ドイツのテレビ番組やその他メディアにひっきりなしに出演し、まさに「ライジング・スター」として多忙な毎日を過ごしています。これまで二冊出版した著作はどちらもベストセラーとなりました。こうした背景には、ドイツにおける緑の党の躍進や欧州をリードするドイツの環境政策の立案において、彼女の言論が大きな影響を与えていることをドイツ在住の仲間が教えてくれました。

バラトン・グループではじめて出会った頃は、まだキャリアも浅く無名でしたが、当初からその潜在可能性の片鱗《へんりん》を見せ、仲間たちからは尊敬と親しみを集める存在でした。二人の娘たちの出産をはさむなどもあって、グループの合宿には参加しない年もありましたが、参加した際にはつねにまわりの人たちを元気づける〝エネルギー・ボール〟のような明るく強くしなやかな人です。

マーヤは、数多くのサステナビリティのプロフェショナルのなかでもいち早く「environmental justice（環境正義）」の考え方を提唱し、広くメディア、政策意思決定者、市民たちに普及する活動を展開していきました。その後、この言葉は、バイデン米大統領の選挙公約にも謳《うた》われるほど、世界ではメインストリームの考え方となりました（残念ながら日本ではまだそれほど知られていませんが……）。

特に最近の活動にはマーヤの教育にかける思いがあらわれています。二〇一九年高校生たちによる気候変動へのアクションを求める運動にいち早く賛同し、若者たちを応援する科学者たちのキャンペーンを立ち上げました。また、二〇二〇年のコロナ禍で学校の開校・休校が政治経済の調整弁のようにあつかわれて、家族や教育が犠牲になっている状況を痛烈に批判し、教育の本来の意義を社会に呼びかけています。これらは、人類に対する母親のような優しいまなざしをもちながら、政治経済の既存体制に対して凛《りん》と立ち向かう力強さが両立するマーヤらしいエピソードです。

マーヤの提唱するのは、サスティナビリティの世代間公平性の側面だけにとどまりません。グローバル化する世界での持続可能な開発、プラネタリー・バウンダリー、生態系サービス、ウェルビーイングを最終目的とした経済への転換、社会経済システムのトランスフォーメーションといった、バラトン・グループでも議論を重ねてきたサスティナビリティの大事なポイントを、わかりやすく伝えることにも尽力しています。

そして、本書は、ドイツの環境政策や能力開発に大きなインパクトを与えた一冊目の著作『The

Great Mindshift』(二〇一六年)につづく二冊目の本です。

「どうして、これだけ技術が発達しても問題は解決しないのだろう? はたしてさらなる技術開発が解決策なのだろうか?」

「市場にゆだねることが大事と言われてきたが、問題は大きくなっている。国家の役割とは? 市場の機能とは?」

「環境が悪化していくなかで、経済成長と豊かさの向上をどう考えたらよいのだろう?」

気候危機をはじめ悪化の一途をたどる地球環境を前に、このような問いを抱いている多くの方に、ぜひ本書を手に取っていただきたいと思います。マーヤはこう言います。「環境と社会をめぐる世界規模のさまざまな危機は、偶然の産物ではありません。それは、自分自身と自分の生きるこの星に私たちがどう接しているか、を示しています。この危機を乗り越えるには、経済システムを成り立たせているルールを意識する必要があります。ルールを認識してはじめて、それを変えることができます――そうすれば自由を取り戻せるのです」(二三~二四頁)。

そして何よりも、マーヤの希望のメッセージを受け取ってください。「未来の多くの部分は、私たちの決断の結果なのです」(一六頁)。「私たちはみんな日々、私たちが世界に望む変化の一部をになうことができます。たとえこの変化が、はじめはまだ小さく、かすかに感じとれるだけのものだとしても、です」(一九一頁)。

私たちの誇る仲間、マーヤ・ゲーペルさんの著作が、どんな望ましい未来が可能か、また、どのようにして望ましい未来を私たち一人ひとりとその集合体としての組織や政府が創造していくことができるか、日本の読者の方々にとってのイマジネーションを広げるヒントとなれば本当にうれしいことです。

二〇二一年五月七日

枝廣 淳子

凡例

一、「　」は原著者による引用、論文などの表題を表す。
二、原著者によるイタリック体での強調は、傍点を打つか、〈　〉で囲んだ。
三、原著者が強調をしていないが、特別の意味をもたせて複数回にわたり使用するキーワードについても、訳者の判断で〈　〉で囲んだ。
四、訳注、訳者による補足は〔　〕で囲み本文中に挿入するか、長いものについては＊を付し、見開きページの末尾に記した。
五、原著の注番号は紙媒体のものとキンドル版で異なるが、本訳書ではキンドル版に従った。

目次

第1章／招待状

二〇世紀なかば、人間ははじめて、自身の星が宇宙からどう見えるかを知った。その光景は、世界の中心から地球を追いはらい、人間の思考を深いところから揺さぶった一六世紀のコペルニクス革命よりも、はるかに私たちの意識を根本から変えた、と将来の歴史家は考えるかもしれない。

国連〈環境と開発に関する世界委員会〉による『ブルントラント報告書』より

二〇一九年一〇月、ロンドンでの出来事です。朝のラッシュアワーに、二人の男性が地下鉄の屋根にのぼり、列車が駅から発車できないようにしました。その列車を利用しようとしていた通勤客は、扉の閉まった列車の前に立ちつくしていました。この行動で地下鉄の運行がすべて麻痺《まひ》し、駅のホームには人があふれ、喧騒《けんそう》が増していきました。人びとはこのままでは遅刻すると気づき、だんだんと怒りをあらわにしはじめました。他方、男たちは列車の屋根から横断幕を掲げました。「いつもの仕事＝死（Business as usual＝Death）」。これまでどおりつづけることは死につながる、というのです。

通勤客の場合、「これまでどおりつづける」とは、仕事に行くことです。オフィスや工場に行き、コンピュータの前に座る、会議に参加する、機械の前に立つ、何かをつくる、契約をかわす。売上と利益を上げる、成長に貢献する、自分の仕事を確保し、生活を成り立たせる。それは家賃を払うため、クレジット決済のため、子どもや自分に何か買うためです。つまり、だれもがよく知る生活、慣れ親しんだ生活をつづけることです。

そのどこがまちがいで、死につながる、とまでいうのでしょうか?

このロンドンの秋の日、車にのぼった二人の男性は「エクスティンクション・レベリオン（Extinction Rebellion）[1]」と名のる環境活動団体のメンバーで、「絶滅への反逆」という意味です。彼らの反逆する絶滅とは、私たちが手をこまねいているあいだに急速にすすんでいる生物種の絶滅のことだけではありません。クジラ、蜂、イチゴなどだけが問題ではないのです。彼らがいっているのは、皮肉ではなく、自身の種、人類のこと、つまり私たちのことです。

グレタ・トゥーンベリさんは、学校ストライキで人類史上、最大の抵抗運動のひとつを始めた少女ですが、「エクスティンクション・レベリオン」のメンバーは、彼女のように、気候変動対策、環境保護活動家で、市民的不服従の運動家です。彼らも、地球温暖化に対し、決定的で持続的な何らかの対策をとること、その具体策を示すよう政治に求めています。しかしデモをおこなうだけではなく、公共交通を止めたりもします。しばしば派手なコスチュームをまといますが、つねに平和的であるという基本ルールにしたがっています。あのロンドンの秋の日、何百もの活動家が道路を封鎖し、橋で人間の鎖をつくり、空港の出発ロビーに座りこみました。彼らは暴力を用いず、気候変動や生命のあまりにも過剰な破壊の真犯人だとみなすものを、できるだけ多くの人びとに気づかせようと妨害活動をしたのです。その原因とはつまり、私たちのごく普通の日常です。

この朝いつもの地下鉄に乗れなかった人にとって、この事件はまったく我慢のならないもので、彼らは二人の活動家にサンドウィッチや飲み物を投げつけました。それに効きめがないことがわかると、しまいには通勤客の一人が屋根によじのぼり、男たちをプラットフォームに引きずりおろしました。彼らは怒った群衆に暴行を受けましたが、結局、警察が割ってはいり、二人を逮捕しました。

この騒動の争点は、生きるための一切れのパン、一口の清潔な水、雨露をしのぐ屋根、最後の一リットルのガソリンなどではありませんでした。争点は、何分かの通勤の遅れでした。一方は世界を救おうとし、他方はオフィスに行こうとしました。一方は習慣を壊そうとし、他方は習慣を守ろうとしたのです。どちらの側も、その関心の核は自分と子どもたちの生存ですが、一方の問題意識は他方のそれとは相容れないようです。一方が勝つには他方が負けるほかなさそうです。あれか／これか、〈俺たち〉か〈あいつら〉か、こういう考え方しかないように見えます。

気候変動の時代、未来とはそういうものなのでしょうか？だとすると、私たちの生活は闘いになるのでしょうか？

今日の私たちの世界では、いたるところで、ほぼ同じタイミングでさまざまなシステムが圧迫されるようになっています。これらのシステムは何世紀も確実に機能してきたとみなされ、エネルギー、食糧、医薬品、安定を、日々人類に供給し、その範囲を拡大してきました。システムがつくった時代の特徴は、大ざっぱにいえば、すべてのものがより多くあるということでした。豊かさを、貧しい者にも与えました。進歩を、科学と技術の全領域で起こしました。平和を、まったく異なる政治体制の国々のあいだにももたらしました。何もかもがより多くなるあいだは、分配の問題はあまり重要視されません。こんな時代はいずれ終わると考えたときの驚き、そう考えただけで引き起こされる抵抗感、その後どうなるのかという無力感、こういった反応は、私たちがそんな状態にどれほど慣れ、あたりまえだと思ってきたかを示しています。私たちの両親の世代にまだ特権だったものは、今日、ほとんどの人間にとっての日常なのです。

同時に私たちは、「これまでどおりつづける」ことは、うまくいかないだろうと感じています。気候変動、海洋中のプラスチック、熱帯雨林の火災、大規模牧畜などだけではありません。都市における家賃の高騰、乱高下する金融市場、貧富の差の拡大、バーンアウト症候群におちいる人の増加、遺伝子技術とデジタル化のもたらす多様で複雑な影響。私たちの世界認識には久しく、時代が変わりつつあるという感覚が忍びこんでいます。私たちの現在はもろくなり、私たちの未来は、世界滅亡の映画に描かれたようなシナリオにとめどなく突きすすんでいるように見えます。近代があれほど推進してきたユートピアから生まれたのはディストピアでした。未来への私たちの信頼は、心配と不安に変わりました。小規模であればよい解決策で高度な快適さを約束してくれたものでも、それが世界規模になると脅威に様変わりしたのです。私たちは途方もない激変に直面しているとうすうす感じています。これから起こるであろうことは、これまでの事例ではますます説明できなくなり、自明なこと、万能な解決策はもうありません。ある問題への解答は、どれもほかの問題を悪化させるように見えます。そうなると、数ある問題のうち、どれをまず解決するかという争いも増えます。でも、もしも多くの問題に同時に対処できる梃子《てこ》を見つけられるとしたらどうでしょう？　確実視されてきた多くのことがらを問いなおし、同時に、悪しき未来を受動的に拒絶するのではなく、先手を打って望ましい未来をかたちづくることのできるような梃子を見つけられるとしたら？

そんな道具を探すこと、私があなたを招待したいのはこれです。なぜなら、未来は天から降ってくるものではないからです。ただ自然にそうなってしまうことなど何もありません。未来の多くの部分は、私たちの決断の結果なのです。

ですから、私がみなさんを招待したいのは、あなたや私、私たちみんなの生きる世界をもっと正確に見つめ、そこで可能なことをもう一度新しく考えることです。これは人類が歴史上、すでに何度もおこなってきたことです。特に危機の時代に。多くの技術革新は、オルタナティブを探す必要から生まれました。現在の再生可能エネルギーがまさにそうです。社会の転換の多くは、別のやり方もあるという確信から生まれました。たとえばほら、女性が選挙権をもち、国を統治できるようになったではありませんか。

今日のさまざまな転換は、個々の部分だけでなく、社会全体をつつむ大きな秩序にかかわるものです。これは学問の世界では大転換といわれ、経済、政治、社会、文化のプロセスを包含し、私たちの世界の見方にも関係します。新石器革命や、ずっとあとに起こった産業革命などが、例としてよくあげられます。前者の転換では、小さな遊牧民集団が定住し、やがて封建的な農耕社会へと発展しました。後者の転換では、特に化石燃料の利用から、まったく別の経済と社会が可能となり、市民と国民国家が生まれました。

今日の私たちの世界は、産業革命が始まった二五〇年前の世界と根本的にちがいます。それなのに私たちは、主として当時の世界の見方で解決策を探しています。私たちの考え方が現在でも有効かどうか、吟味することを忘れていたのです。その有効性を問うことから、危機を脱し、二一世紀の未来をかたちづくるための梃子が見えてくるでしょう。

というわけで、この本は気候変動についてのものではありません。地球の平均気温がこれから何度上昇し、それが私たちの星の生命にどういう影響をおよぼすか、ということをあつかう本ではありません。この本は氷床の融解《ゆうかい》、海水面の上昇についての報告でもなければ、氾濫《はんらん》や砂漠化、たびかさなる壊滅的な嵐によってだれも住めなくなった地域についての報告でもありません。また、恐竜の絶滅以来最大の種の絶滅が起こっていること、海洋の酸性化、水不足、飢餓の危機、伝染病、難民流出、あるいは、世界中の科学者が何十年来警告してきた他の数えきれないシナリオのどれかについて語るものでもありません。そういったシナリオの多くは科学者の予想よりずっと早くに起こっていて、つねに新たな研究報告が出されています。

私は気候の研究者ではありません。社会科学者で、専門は政治経済学です。私が観察しているのは、人間がどういう経済活動、共同生活をおくっているか、ということです。人間は、自然や他の人間とどういう関係を結んでいるか。エネルギーや素材、労働力といった資源とどのようにつきあっているか。どういったルールで仕事、商売、お金の流れを組織しているか。どんな技術を開発し、どのように用いているか。特に私が興味を引かれるのは、ある解決策がなぜ生まれたのか、そして、ある構想が実行され、ほかのものが実行されないのはなぜか、ということです。その背後にはどんな理念、価値、利害関心があるのでしょう？　そういったアイディアはどこからやってくるのでしょう？　現在、私たちの経済活動ばかりでなく、私たちの思考や行動や生活一般さらには感じ方まで規定している強力な理論は、どのようにしてできたのでしょう？　そして、そんな理論のうち、この二五〇年間揺らぐことのなかった考えが今日、生態系と社会の危機を脱し未来へのチャンスをつくりだすのにかならずしも役に立たないのは、なぜでしょう？

私たちの経済システムは、たとえばかつて植物相や動物相が人間の手を借りなくても発展したように、まったく自然に発展したように見えるかもしれません。しかし、人間のつくったシステムは、それとは別のものです。私たちは自分たちの状態を評価し、自分たちに規則を課し、そうすることで自分たちの状況を変化させます。この変化は文化的なもの、市場と関係するもの、一国内のものなどがありますが、たいてい複数の要素の相互作用によるものです。さまざまな考えや技術革新から常識、法律、制度、習慣ができあがっているために、どの要素がどれくらい現実をつくっているか、意識したり、追跡することは日常ではまず不可能です。それでもやはり、私たちの知る世界、慣れ親しんだ世界は、私たち自身のつくったルールでできているのです。

人類はこの星――私たちが暮らすことのできる唯一の星――を、二世代が生きるあいだに崩壊の手前まで追いやりました。どうしてそんなことが可能だったのか、それを理解したければ、こういった考え、構造、ルールにあらためて意識を向けなければなりません。

「意識を向ける」とはどういうことでしょうか？

それは、自らが何をしているか認識し、なぜそうするのか問う、ということです。これを科学では反省的な方法といいます。学習のチャンスはそこにあります。何をしたのか、そうしたのはどうしてなのかを問わない人は、別のやり方をしようと決断することもできません。選択肢が明確でなければ、新しい問題に対する解答もすでに知られたものの焼きなおしになりがちです。

根本的に問いなおし、これまでとちがう解答にしたがって実験してみるということは、自由と創造力を取り戻すことです。それは、さまざまな課題に古くからずっと用いられてきたやり方の焼きなおしで対処するのではなく、新しいオリジナルをちょうどいいタイミングでつくりだすチャンスになります。だからこそ、私は科学者であることがとても好きで、この本を書いています。この本は微妙な細部、事実や数字、個々のモデルと予測をまとめた事典ではありません。今日感じられている時代の変化の輪郭をできるだけわかりやすく示し、現状を維持しようとする者とそれを阻止しようとする者のあいだの一見、解消不能と思われる立場の相違を仲介するためのいくつかのアイディアや視点を提供しようとするものです。――そうすれば、持続的な共通の未来を探すプロセスに指針を与えられるでしょう。

私はビーレフェルト〔ドイツ北西部、人口三三〇万の都市〕近くの村で育ちました。そこで私の両親は、同じく子どものいる友人といっしょに、古い農家を改装して暮らしていました。その家はとても大きく、どの家族もそれぞれのスペースをもっていましたが、私たちはみんな、いつもいっしょにいました。両親の友人の子どもたちはいまでも私の兄弟のようなものです。私たちはみんな同じ学校に通いました。新設の改革学校で、学習の成績評価はなく、報告書といわれるものだけがありました。午後うちに帰ると、大人たちのだれかが、ほかの人が仕事ができるよう、交替で子どもの世話をしました。私たち子どもは庭にあった車輪つきの移動式の小屋にこもりました。その小屋を私たちは、もちろん、虹色に塗りました。私たちは村で明らかにヒッピーだとみなされていましたが、大人たちはみな市民的な職業をもっていました。私の両親は医師で、病気予防とトラウマの克服に従事していました。二人は今日にいたるまで核戦争防止国際医師会議（ＩＰＰＮＷ）の会員です。

一九八〇年代のドイツ連邦共和国としては、私は型破りの典型ともいえる幼年時代を過ごしましたが、改革学校でさまざまなバックグラウンドをもつ人びとと交流するうち、エコソーシャルな農家で育ったことがどれほど恵まれたことであったか、あらためて気づかされました。うちで食べたベジタリアン・ハンバーガーが別に好物だったわけではありませんし、せめていっしょにコーラを飲みたかったな、と思いますが、我が家のメニューにはありませんでした。肉をまったく食べなかったわけでもありませんが、ミルク、ナッツ、キノコが食卓にのぼることはありませんでした。チェルノブイリ以後だったからです。*食物庫にあった粉ミルクの大きな袋と、野原に出ないようにという事故の次の日のアナウンスをいまでもはっきりおぼえています。放射線の量はわかりませんでした。放射線は目に見えないので、異様な感じでした。数年後、最初の湾岸戦争が起こり、ほかの生徒たちと私たちは平和のための抗議としてビーレフェルトのヤーン広場〔ビーレフェルトの公共交通の結節点〕を封鎖しました。当時、正確にいつかはおぼえていませんが、私は自問しました。私の知っている人はみんな愛、平和、貧困の克服、美しくて安全な環境を望んでいます。なのになぜ、シンプルにそうしないのでしょう?

私たちの社会がそうなることを、何が阻んでいるのでしょうか?

このパラドクスの答えを見つけること、おそらくそれが、今日まで私が世界中をめぐることになった原動力です。私はドイツ、スペイン、スイス、カナダの大学で勉強しました。リュックサックをしょって南米とアメリカ合衆国を旅して、ドイツ環境自然保護連盟でボランティアとして働き、香港、メキシ

* 旧ソ連チェルノブイリ原子力発電所が一九八六年四月二六日に爆発、漏れた放射能は一〇日ほどで北半球全体に広がり、特にヨーロッパへの影響は大きかった。

コを訪れ、国連貿易開発会議（UNCTAD）を知りました。そこで私たちは国際ネットワーク「私たちの世界は売り物じゃない（Our World is Not For Sale）」と協力して活動しました。財団「世界未来会議（World Future Council：WFC）」のため、世界中の指導的なサスティナビリティ理論家と、将来世代の利害と権利を保護するための政策提言を練りあげ、ニューヨークの国際連合、ブリュッセルのヨーロッパ連合でその宣伝をしました。

母親になって、私はヴッパータール環境・気候・エネルギー研究所で仕事をすることにしました。ここで多くの実践経験を転換研究のさまざまなアプローチと結びつけ、理論的に磨きあげることができました。私は片足では学者でしたが、私がつねに求めていた知識は、他の専門家や意思決定者の小さな集団だけが共有するようなものではありませんでした。また、知識は私をつねに広い社会に引き寄せました。多くの場所で、自分自身の豊かさや成功を超えた目標のために熱く心を燃やし、すべてをささげようとする人たちに出会いました。そういった人たちから信じられないほど多くのことを学び、それを学者としての活動に活かそうとしてきました。現在、私は、グローバルな環境変動に関する連邦政府学術諮問会議（WEGU）の事務局長を務めています〔二〇二〇年まで〕。これは独立した専門家からなる委員会で、きわめて重要な環境と開発の趨勢についての知見を定期的にまとめ、政治的な意思決定者が参考にできるようにする組織です。私はかなりの時間を、できるだけ多くの人がそれらの成果を理解できるよう伝える活動に使っています。というのも、ポスト・ファクトの時代だといわれていますが、それは誤りで、私は確固としたヒューマニストで理性と良心の力を信じているからです。誤解の根元をつきとめ、固定された役割を離れたところで人びとが出会えば、理解しあえるチャンスはあると信じています。そのために二〇一九年三月、科学者の小さなグループとともに「未来のための科学者（Scientists for Future：S4F）」を立ち上げ、さまざまな事実を掲げた若者の路上での抗議はまったく正当で、支持するという公開書簡をまとめました。まったく予想外のことでしたが、三週間のあいだにドイツ、オーストリア、スイスの二万六八〇〇名もの科学者がこの書簡に賛同し、また、連邦報道会議〔ドイツの政策を報道するジャーナリストからなる団体〕が私たちの立場について議論し、ソーシャルメディアでの火つけ役となりました。

私たちは、この時代の転換期にあたり、新しい独創的なアイディアを提供することを自分たちの責任だと考えています。

すすんで情報を求め、確実だとされていることを問いなおすという姿勢には、大きな可能性があると思います。それで私の青春時代のパラドクスがすぐに解けたわけではありませんが、変革のための重要な下地ができました。どんな可能性があるか、見えるようになったのです。

環境と社会をめぐる世界規模のさまざまな危機は、偶然の産物ではありません。それは、自分自身と自分の生きるこの星に私たちがどう接しているか、を示しています。この危機を乗り越えるには、経済

システムを成り立たせているルールを意識する必要があります。ルールを認識してはじめて、それを変えることができます——そうすれば自由を取り戻せるのです。

第2章／新たな現実

科学とは**生**の**現実**の**一部**である。それは**私**たちの**経験**をかたちづくるものすべてについて、それが**何**で、どのようで、なぜそうであるのかを、**包括的**に**説明**してくれる。**人間**を**理解**することは、その**環境**や、**物理的**、**精神的**に**人間**をかたちづくってきた**諸力**の**理解**ぬきには、**不可能**である。

自然科学者　レイチェル・カールソン

一九六八年一二月二一日早朝、三人のアメリカ人宇宙飛行士、フランク・ボーマン、ウィリアム・アンダース、ジム・ラヴェルは、フロリダ州ケネディ宇宙センターから宇宙へと旅立ちました。計画の目的は、将来の月面着陸に向けた情報収集のため、月を周回しながらその表面を撮影することでした。アポロ八号はその際、つねに地球の反対側にあり、だれもその目で見たことのなかった、月の裏側へも飛行する予定だったので、三人が、まったく新しい月の写真を携えて地球へ帰還することが期待されていました。

周回軌道もすでに四周目にはいり、月の裏側からふたたび表側へと出ようとしていたときのことです。それまでずっと月の未知なる表面に向いていた宇宙船を、船長のボーマンが別の方向へと動かした、その瞬間でした。突然、横窓に地球がのぼってきたのです。

「なんてことだ！」。最初に発見したアンダースが叫びました。

「見てみろ！　地球がのぼってくる！　すごい……なんてきれいなんだ！」

このときの無線録音は今日インターネットでも聴くことができます。そこには、カメラに白黒フィルムを入れていたアンダースが、慌ててカラーフィルムをせがむ様子や、ほんとうに写真が撮れたかどうか、ほかの二人がくりかえしたずねる様子が、しっかりと残されています。(2)

「おい、いまの、ほんとうに撮れたんだろうな？」

「もう一枚撮っておけ、ビル〔ウィリアム〕！」

ウィリアム・アンダースが撮った写真には、かがやく青い球体が写っています。白い雲の渦の、大理石模様のような覆《おお》いの下から、大陸の緑やベージュ色の大地がところどころ浮かび上がっています。そしてこれが——宇宙空間の底なしの闇に囲まれた、ほとんど壊れてしまいそうな印象を与えるこの小さな球体が——私たちの故郷であり、太陽系のなかで生命が存在する、たったひとつの星なのです。

フランク・ボーマン、ウィリアム・アンダース、ジム・ラヴェルの三人は、月の新たな画像を得るために出発し、地球の新たな画像を携えて戻ってきました。のちにＮＡＳＡが「地球の出（Earthrise）」という詩的なタイトルを添えて公開した彼らの写真は今日、人類のもっとも価値ある写真であるだけではなく、これまで撮影されたなかで、もっとも影響力のある環境写真であるともいわれています。理由はごく単純で、このたったひとつの画像のなかに、私たちの環境の全体が示されているからです。このひとつの星のほかに、私たちは何ももっていないのです。

写真に写っているのは、基本的には、その時点で人類が、五〇〇年も前からとうに知っていたことばかりです。地球が平面でないことは、遅くとも最初の世界周航以来、みんな知っていたことですし、地球が宇宙の中心ではなく、したがって人間が万物の中心ではないことも、とっくに知れわたっていました。けれどもこの地球が有限で唯一無二のものであることが、ここまで驚くほどわかりやすく示されたことは、かつてありませんでした。日常レベルでの印象は、かならずしも、より大きなコンテクストを伝えるわけではないからです。

つまり、あることがらについて人間の抱いているイメージは、人間が何とかかかわりをもっているか、ということを示しているとはかぎりません。それはさしあたり、人間のことがらへの接し方を教えてくれるだけです。この二つはちがうものです。そのちがいはとても大きく、今日私たちが直面しているほとんどすべての問題の源だといえます。

一九六八年末、アポロ八号が月へと旅立ったとき、地球上にはだいたい三六億の人間しかいませんでした。二〇一九年末、この壊れやすい天体には、七七億以上もの人間が住んでいます。たった五〇年のあいだに、人口は二倍以上にふくらんだのです。こう指摘するのは簡単で、世界総人口の増加の話になると、こうした数字がよく引き合いに出されます。ですが、この数字について、私たちはどう考えたらよいのでしょう？　五〇年間で三六億から七七億。このペースは速いのでしょうか？　それともゆっくりなのでしょうか？

ちょっとした比較が、役に立つかもしれません。

人類の歴史――三〇万年ほど前、ホモ・サピエンスの最初の個体がアフリカで登場したところから今日までを、一本の映画だと考えてみます。すると、人類がそもそも定住を始め、農耕牧畜を発展させるころには、映画はもう終盤のそのまた終盤です。一九六八年くらいの人口が地上で暮らすのは、映画では終了同前の頃で、エンドクレジットのほんの数秒前、そして、その数秒のあいだに、いきなりこれまでとほぼ同数の人間がふえるのです。

つまり、とんでもない速さです。

しかも、話のポイントはそこではありません。

この星に今日、五〇年前の倍の人間が暮らしているというだけではなく、その大多数が祖先よりもずっと多くの場所を必要としています。経済的成功をおさめ、発展をした国々で特に顕著な現象です。確かめてみたければ、自分の家族が五〇年前、どんな生活を送っていたか思い出すか、両親に話してもらうだけで十分です。

家族や両親は、休暇中どこに行っていましたか？　海外でしたか？　また、その頻度はどのくらいでしたか？　いつも飛行機を利用していましたか？　それとも車を使って？　自家用車は一台、あるいは二台？　住まいはどのくらいの広さでしたか？　子どもはみな、自分の部屋、自分のテレビをもっていましたか？　タンスやクローゼットは衣服でいっぱいでしたか？　一世帯にどれくらいの電子機器があったでしょう？　そのなかで、私たちが今日、あたりまえのように使用しているものは、どれだけあったでしょう？　親族はどれくらいの頻度で、服を新調していましたか？　家具は？　それらは、はるか遠くの国々で生産され、輸入されていましたか？

てみじかにいえばこうです。何が五〇年前の人間にとって普通で、何が今日の私たちにとって普通でしょう？　五〇年前の〈普通〉を提供するのに、どれほどの工場や発電所、道路に飛行機、そしてどれほどの工業型農業地が必要だったでしょう？　そして現在ではどうでしょう？

エコロジカル・フットプリントという科学的指標があります。これは、ある人間のいとなむ生活が、地球上にどれくらい影響を与えるかを測定するものです。この指標には、ある人間が食べていくのに必要な畑や牧草地、利用する道路、住んだり働いたりする土地だけでなく、たとえばエネルギー生産の際に発生する二酸化炭素の吸収に必要な森も算入されています。一人の人間が消費する自然がヘクタール面積に換算され、収穫分の作物がまた育つ、あるいは、ただもとの状態に戻るなど、自然がこの消費分を帳消しにするのに必要な土地面積と比較されます。園芸家なら、育てられる以上のものは、庭に持ち込めないことをだれでも知っています。エコロジカル・フットプリントはこの規則を、市民農園よりも複雑な私たちの世界の要素を加味して、地球全体と人類全体に適用したものです。

アポロ八号が月へ飛び立ったとき、人類のエコロジカル・フットプリントは、まだ大地が提供するものの範囲内にありました。けれど七〇年代中ごろからは、それを恒常的に上回るようになります。自然の消耗が常態化したのです。本来一年分としてやりくりするべき資源を、私たちがすっかり使い果たしてしまう日は、毎年、カレンダーの前へ前へと移動しています。二〇一九年のその日は七月二九日でした。これよりのち、私たちは毎日、自然から返すあてのない貸しつけを受けていて、次の年に利用できる自然環境は、それまでよりもさらに少なくなっていくのです。ドイツだけに限れば、二〇一九年のいわゆる「オーバーシュート・デー」、利用超過の日はもっと早く、五月三日でした。この世界最大級の輸出国家は、他国から自然や資源を大量に輸入しています。もしも今日のドイツ式の生活が世界標準になれば、地球が二つあっても足りないでしょう。しかし、アポロ八号の宇宙飛行士たちが撮影した写真が示すように、地球はひとつしかないのです。こうした不都合な真実が表明されているにもかかわらず、消費の抑制や禁止に対する抵抗が、ことあるごとに湧きあがります。

ですから、明るい未来を切り拓こうとするなら、以前はどうだったかではなく、いま現実に起こっていることから始めるべきでしょう。何千年ものあいだ、地球は人類にとって、無尽蔵の資源を与えてくれる星でした。森のある場所を開墾しても、となりには別の森がありました。野生動物を狩り尽くしたり、湖の魚を採り尽くしたり、鉱山を掘り尽くしたりしたときは、ちょっと別の場所へとうつるか、同じ土地にある別の資源に切り替えていたのです。この星は巨大だと思われていました。いろいろな仕方で危機を回避したり、何か新しいものを見つけることが、いつもできたのです。しかしそれは、安穏《あんのん》とはつづきませんでした。ヨーロッパに確立しつつあった国民国家が世界に拡張し、人口密度の低い地域や大陸を「発見」しては、住民から財を略奪し、壊滅的な被害を幾度となく与えました。そうして豊かになった産業国家は、莫大な新資源の供給路を確保し、新たな技術を開発し、原子や遺伝子といったまったく新しいものを発見していったのです。私たちが近代の進歩と呼ぶものは、根本的には、拡張と搾取にほかなりません。領土をどんどん広げ、そこから資源を絞りとることです。このモデルが機能するかぎりは、つまり星の大きさに対して人間の数が少ないかぎりは、それを改める理由は何もありませんでした。社会的公正や普遍的人権をめぐる闘いは、この進歩の方法を何度も修正してきましたが、その根本原理が大々的に問われることはありませんでした。しかしそうこうするうちに、人間と自然の関係は根底から変わってしまったのです。人類の数はますます増えつづけ、地球の余裕はますます少なくなっています。経済学者ハーマン・デイリーが表現したように、私たちはもう「疎《まば》らな世界」ではなく、「密な世界」でなんとかやっていくしかないのです。

これが掛け値なしの〈新たな現実〉なのです。

これは何を意味するのでしょうか?

それはつまり、人類の共存や良好な経済発展を生み出す座標軸の原点が、根本的にずれてしまったということです。もし自然とその生態系から、あてにできる回復能力が奪われてしまえば、拡張と搾取はおのずと終わりをむかえます。科学はこれをいわゆる転換点、もしくは惑星限界と呼びます。この現実――根本的に変わってしまった現実――を生きていこうとするなら、それを受け入れなければなりません。さもなければ、私たちは〈いつわりの世界〉を生きることになります。自然と人びとのあいだに生じた、二一世紀のこの〈新たな現実〉は、世界規模のもので、地球上の人類すべての生活も変わりますから、それをさもそうでないかのようにふるまうことは、世界規模の〈いつわりの現実〉を生きることを意味します。しかし、まさに気候危機や持続可能な経済成長の議論は、そういう状況なのです。惑星限界について語りながら、解決提案のほとんどが、その意味を真に認めることを避けています。少し注意してみてください。たいていの場合、いまだに成長と豊かさの向上という話が、どこからともなく付け加わるのです。でも、その出所と対価について語られることはごくまれです。

世界規模での破滅に足を踏み入れたくなければ、人類はこの〈新たな現実〉に対応しなければならない――そんな警告が最初に発せられてから、五〇年ほどたっています。そのひとつが、デニス・メドウズとドネラ・メドウズを中心とした、科学者グループによる研究です。彼らはマサチューセッツ工科大学（MIT）で、人類の未来予測に、はじめてコンピュータ・シミュレーションを導入しました。彼らが開発した「ワールド3」というコンピュータ・モデルは、いまならどの家のパソコンでも動かせるでしょうが、当時はまだ大型計算機をフル稼働させる必要がありました。彼らはそこに、次の五つの長期的傾向のデータを入力しました。これまでどのくらいのペースで地球の人口が増えてきたか？　食糧生産はどうか？　工業生産はどうか？　金属や化石燃料などの再生不能資源をどれほど採掘したか？　どのように環境汚染はすすんだか？　そして、これらの五つの傾向のあいだに、どのような相互作用があったのか？

研究チームは以上の過去のデータにもとづいて、近未来の姿を算出・予測し、「通常進行（Standard Run）」と名づけたシナリオを制作しました。通常進行とはこの場合、人類がこれまでどおりの生活をつづけるという想定を意味します。

その研究結果は一九七二年に公表されました。報告がもたらしたインパクトは、巨大な小惑星が地球に衝突するという予測ほど、大きくはなかったでしょう。

しかし、やや似たところがありました。

コンピュータによる計算は、このまま通常進行をつづけていけば、人類文明はまちがいなく——しかも、今後一〇〇年以内に——崩壊する、という予測を弾き出したのです。工業生産と人口がこのまま増加すれば、再生不能資源はまもなく底をつき、環境汚染が取り返しのつかない損害を引き起こすというのです。そこから生じるコストをシステムはもう引き受けられません。システムは不安定になり、工業生産は低下、人口は減少に転じます。ある時点をさかいに、五つの要素すべてが、つぎつぎにマイナスのカーブを描きはじめます。これが転換点といわれるゆえんです。

さらに衝撃的だったのは、このコンピュータ上のモデルで研究者たちがいくつかの要素に操作をくわえても、崩壊自体をくい止められなかったことです。たとえば、資源の埋蔵量を無限にすると、人口が急増し、その人口を養うのに必要な農業面積が足りなくなってしまいました。人口増加に制限をもうけ、食糧生産量を二倍に設定すると、環境汚染の悪化のために、ある時点から死亡率が上昇しました。研究者たちが何を変更しても、遅かれ早かれ、同じ結果に行きついたのです。

崩壊で終わらない唯一のシナリオは、五つの要素すべての成長に制限を設けた場合でした。その場合だけ、崩壊は避けられたのです。研究報告の題名『成長の限界』は、ここからきています。

基本的にこの研究が立証したことは、もし人びとが目を開いて世界を見わたし、その論理を理解していれば、きっと想像できたことばかりです。しかし、先進国の局地的環境問題の多くは、技術改良や、汚染が生じる過程を他国にうつすことで解決されていました。新しいコンピュータ技術の助けを借りることではじめて、世界規模のつながりが認識できるようになったのです。思考モデルから、数値化され視覚化されたカーブが描きだされたことで、この研究は圧倒的なインパクトを残しました。この研究報告は今日でもよく知られており、何度も更新、検証されてきましたが、その結論が根本から反駁《はんばく》されたことはありません。大筋では、五つの要素はすべて、約五〇年前に科学者が計算したとおりに推移しています。これは不思議なことではありません。結局人類は、進歩の公式が崩壊する恐れのあることが明確に示されたあとも、通常進行のシナリオからはずれることはなかったのです。人類はそれまでと同じ生活をつづけました。個々の生産や技術が改良され、相対的に効率的なものとなっても、全体像が変わることはありませんでした。一国の経済成長と環境消費との完全なデカップリング（切り離し）は、まだ実現していないのです。

七〇年代以降、この問題について、個別事象だけでなく、そのメカニズム全体を制御しようとする試みが、くりかえしなされてきました。メカニズムの全体を記述、自覚し、さらには解決もしようとされてきたのです。新たな研究がおこなわれ、協議会や委員会が立ち上がり、サミットが開催され、いくつもの議定書が作成、締結されました。しかし人類の到達点は、気候変動と闘う取り組みの、ひとつを見るだけでもわかります。

二酸化炭素の排出が地球の大気をあたため、人間が石炭・石油・天然ガスなどの化石燃料を使用して温暖化を加速させていることは、すでに三〇年代末から科学的に裏づけられていました。六〇年代中ごろ、アメリカの科学者たちが自国政府に、人類は無自覚に「巨大な地球物理学上の実験をおこなっている」と、警告を発しました。[3] 七〇年代末、科学者たちには、今日の私たちが気候変動について知っている、ほとんどすべてのことが知られていました。一九九二年から、気候変動枠組条約が国際的に締結され、いまでは地球上のほぼすべての国がこの条約を批准し、地球温暖化を遅らせる義務を負っています。さらに一九九七年以後、いわゆる京都議定書により、温室効果ガスの排出について、拘束力のある目標が国際法として定められています。これは二〇一五年、パリで結ばれた協定でさらに厳しくされ、気温上昇を〔産業革命以前と比べて〕二度未満におさえることが目標とされました。どんなに遅くとも、アル・ゴア元アメリカ合衆国副大統領とその気候変動との闘いを描いた、デイビス・グッゲンハイムのドキュメンタリー映画『不都合な真実』の公開以後――ちなみにこの映画は二部門でアカデミー賞を、ゴアはその取り組みによりノーベル平和賞を受賞しています――地球温暖化の原因が人間の活動であることは、周知の事実となったといえるでしょう。

それが二〇〇七年のことです。

人類に由来する二酸化炭素の半分は、過去三〇年間に排出されたものであることを、みなさんは知っていましたか？(4) つまりそれは、私たちの世代によるものなのです。私たちがそうと知りながら引き起こした損害はいまや、自分たちが何をしたかを知らずに発生させた損害と、ちょうど同じくらいになってしまったのです。

どうしてこんなことになったのでしょうか？

私の考えはこうです。私たちはこの〈新たな現実〉を真剣に直視することを避けてきたのです。この五〇年間、私たちは〈いつわりの現実〉のなかに身をひたし、物理学的・生物学的な基準よりも、金銭的な基準にしたがってきたのです。

長いあいだ、人類はとても豊かな地球に少数で暮らしていましたが、今日、人類はますます多く、地球はますます乏しくなっています。人類が自身の破滅をまねきたくないのであれば、このたったひとつの星で、〈密な世界〉の限られた資源でやりくりしていくことを学ばねばなりません。これが〈新たな現実〉なのです。

第3章／自然と生命

©Eliza Grinnell / Harvard SEAS

ある社会で資源の枯渇が避けられない場合、真に重要なのは資源の問題ではなく、社会の問題だ。その社会のどのような構造的、政治的、イデオロギー的、経済的要因が適切な反応を妨げているのだろうか?

人類学者　ジョゼフ・タインター

二〇一八年三月、米国特許商標庁は、植物を人工的に受粉させる新技術の特許申請を受けました。US2018/0065729号として出願された何ページもの出願書類で発明者が説明しているのは、ミニドローンに似たとても小さな飛行マシンで、充電ステーションを飛び立つと、自動で農地の上空を移動できるものでした。ある植物から小さなブラシで花粉を集めると、同じく小さなファンで、別の植物に受粉させます。受粉の成功をセンサーで感知し、ネットワークに信号を送り、他のマシンが同じ植物に飛んでこないようにします。

この出願書類を読んだ人は二度びっくりするかもしれません。一度めの驚きは、数百万年ものあいだ自然、つまりハチがやってきたことを、その技術的なレプリカとして、この発明がやってのけると知ってです。

でも、発明者が発想の出発点としている世界では、何かが変わってしまっているようです。申請書によると、植物を受粉する昆虫の数は何年も前から激減しており、大きな機械を使って広い畑に花粉を散布しても効果がないことがわかっています。

そして二度めの驚きは、その特許の出願者です。出願者は発明者自身ではなく、彼らが契約をかわして開発をした会社でした。その会社とはアメリカの小売チェーン、ウォルマートです。

小売店がロボットバチで何をしようというのでしょうか？

もちろん、ウォルマートはただの小売チェーンではありません。世界最大級の小売チェーンであり、世界でも有数の資本をもつ企業です。ウォルマートを大きくしたのは、何があっても競争相手より安く売るという戦略でした。「いつでも低価格（Always low prices）」が、長年この会社のキャッチフレーズでした。これが意味するのは、ウォルマートが個々の商品から得る利益は競合相手よりも少ないということで、それはまた、大量の商品を売らないと利益が上がらない、ということです。大規模化への強制といわれますが、利益を上げるには数にたよるほかないのです。

そのため、ウォルマートは売上高で世界最大の企業であるだけでなく、一万一〇〇〇軒以上の店舗で二〇〇万人以上の従業員が働く世界最大の雇用主でもあります。それに比べれば、創業家であるウォルトン家が長年にわたってアメリカでもっとも裕福な一族であるという事実は、たいして驚くことではないように思えます。

こういったことがロボットバチと、どう関係しているのでしょうか？

もしこの関係を把握し、なぜ私たちの経済システムが現在知られるようなかたちに発展してきたか理解しようとするなら、まず、私たちが自然をどのように見ているのかを理解しなければなりません。自然は私たちの経済の基礎をかたちづくっています。自然はエネルギーとその素材をつくり、人間は両者の形態を変えるだけです。自然が、一人か複数の神によって創られたものだと人間が考えているうちは、自然の法則は、神のわざ同様、理解不能なものでした。文化によっては、人びとは自然や大地そのものを創造の女神とみなしていましたが、私たちの西洋文化では、唯一の神が大地を創造し、人類にゆだねたという考えが優勢になりました。ガリレオ・ガリレイ、ルネ・デカルト、アイザック・ニュートンのような科学者たちが一六世紀以降、この考えを再検討し、「地を支配せよ」という神の呼びかけを解釈しなおしたとき、人類の役割について、まったく新しい視点が生まれました。*彼らは、自然が予測可能な法則に従うことを示し、科学が自然の法則を認識、記述し、人間が自身の利益のために系統的に用いれば、自らの運命をその手で握ることができると提起したのです。啓蒙と〈ホモ・サピエンス〉の新しい自己像の完成です。

子どもがオモチャをバラバラにしてしまうように、人間はいままでは自然を個々のパーツにバラバラにして、それで遊ぶようになりました。人間はそれぞれのパーツのはたらきを調べました。個々のパーツを変えたり、交換したり、新しく組み合わせたりすれば、世界は人間にとって以前よりもうまくはたらくはずだと考えました。人間はずっと自然の一部でしたが、以後、自然は人間とは別物で、人間を取り囲むだけのもの、つまり環境になりました。自然はすべてが関連しあう生きた全体から、目的に合わせて任意に改造、交換できるマシンになりました。動的に安定を維持するさまざまな関係のネットワークという性格をもつ自然は、人間の知覚のなかで個々の要素に還元され、それも多くの場合、（目に見えなくなった）全体のうち人間の関心を引くひとつの側面だけに還元されるようになりました。

しかも、ひとつの側面とは次のようなものです。

それは価値を生むように利用できるか？

そうでなければ、取り除いてしまえるか？

このように世界を生きる人は、自然の驚くべき多様性、ダイナミックな変化、そして個々のパーツの結びつきには、当然、目も向けないでしょう。そういう人は、小さな雪の結晶でさえ、ひとつとして同じものはない、ということを見のがしています。どんな現象も別の現象から生まれ、ある要素の質と発展は、周囲の影響を受ける、ということも。そのかわり、世界は次のように見られます。

森は材木以外の何ものでもない。

土は植物の容器である。

昆虫は害虫である。

＊　旧約聖書「創世記」第一章に「産めよ、増えよ、地に満ちて地を従わせよ。海の魚、空の鳥、地の上を這う生き物をすべて支配せよ」とある。

そして、ニワトリは卵を産み、肉を提供するモノである。

歴史上、人間が飼ってきたニワトリは、すべてセキショクヤケイの子孫です。これは南アジアや東南アジアに生息していた野生種ですが、家畜化されて世界中に広まり、現在、ニワトリという種は世界でもっとも一般的な鳥となっています。ただ、現在私たちが飼っている品種は、この野生種とはほとんど関係がなく、私たちの祖先が一〇〇年ほど前に飼っていた品種とも大きく異なっています。以前は、卵と肉の両方とも得られるニワトリを飼うのが一般的でした。どちらか一方にメリットのある品種は昔から存在しましたが、それでもそうしてきたのです。品種改良によって一方の特性を改善しようとすると、もう一方が劣化しました。つまり、卵が多く得られれば肉は少なくなり、逆もまた同様でした。

第二次世界大戦後、人間はニワトリを特性によって分け、どちらか一方だけに使用される品種をつくりだしました。今日の肉用鶏は、わずか一か月後には屠殺《とさつ》できる大きさに育ち、今日の卵用鶏は、最初の年に三三〇個の卵を産みますが、二年めは飼育が想定されていません。雄鶏《おんどり》のあつかわれ方はもっとひどいものです。彼らは卵を産まず、すぐに肉用に育たないので、このシステムでは二重に役に立たないのです。したがって雄鶏の飼育は経済的には無意味で、孵化《ふか》後すぐにシュレッダー行きになります。

異常だと思いますか?

このような仕組みでシステムは動いていて、ドイツだけで一年間に一二〇億個の卵が生産され、六億

五〇〇〇万羽の雌鶏《めんどり》が屠殺されます。そして、四五〇〇〇万羽のヒナがシュレッダーにかけられます。(5)

また来年も、です。

いろいろな能力をもつ雌鶏が農場で育てられ、そのすべてを利用する状態から、近代文明がすすむうち、高度に最適化されたニワトリが高度に専門化された鶏肉工場で飼育される状態に変わりました。動物の飼育も分化しました。今日では、繁殖のみ、増殖のみ、肥育のみ、産卵鶏の飼育のみをおこなう企業があります。人間は何世紀にもわたり、きわめて多様な品種を繁殖させてきましたが、今日のシステムで飼育されるニワトリは、わずか数品種に減っています。遺伝的な多様性が減少すると、病気にかかりやすくなります。同様の減少傾向は生産者の側にも見られ、少数の生産者が市場を支配する独占的な構造では、鳥インフルエンザがほんの一回おそうだけで、彼らは倒産に追いこまれます。

それに類似した光景が今日、バナナ、コーヒー、大豆、小麦などのいわゆる換金作物にも見られます。換金作物を栽培する国は、自国への供給を目的としていません。それはまったく眼中になく、輸出が目的です。この場合、効率のよい品種が、短時間で最大の収穫を得るという目標に合致します。残念ながら、そういう品種が気候変動に耐性があるかどうかはあきらかになっていません。しかし、他の品種の大多数はすでに絶滅に追いやられました。

現代人の構築したこのシステムと、自然界に見られるシステムとの重要な違いは、後者のほうが多様性が高く、循環的だという特徴があることです。自然のシステムでは、取り出されたものはかならず利用可能なかたちで戻されます。あるものの出したゴミは、他のものの食料です。このようにできているシステムに現代人が介入すると、循環が一方向だけにすすむベルトコンベアへと変わります。手前で採掘され、そして使用され、先のほうではだれの食料にもならないゴミができます。ゴミは燃やされたり、埋められたり、積み上げられたり、あるいは海や川に漂います。

自然のシステムは持続するように、人間のシステムは一瞬のためにできています。自然のシステムは多様性を本質とし、自己制御的で、衝撃を吸収することができます。これによって、全体として回復力があり、効率的です。エネルギー効率がよくできているので、何も無駄になりません。現代の人間がつくったシステムは個々のプロセスが——ベルトコンベアをイメージしてください——経済的な効率のためにできています。手前のほうでコストがかからなければ、先のほうで最終的にプラスになります。その結果、人間のシステムでは多様性が減少し、全体の構造が均質化するため、脆弱《ぜいじゃく》でエラーが発生しやすくなります。現代人は、進化を達成した生きたシステムを手本としないで、触れるものをすべて最大限に生産的なマシンに変えようとします。そしてそのマシンの周辺には注意を払いません。

それは現代人の自然との接し方にかぎりません。

ドイツのどこかの都市の中心街を歩いて、小さな商店がいくつあるか数えてみてください。また、他の都市や国、大陸で同じものを売っているグローバルなチェーン店がどれだけあるでしょう？　たとえば衣料品を生産する際には毎年九二〇〇万トンものゴミが出ます。なかには問題なく使えるものもあります。このゴミはたいてい燃やされます。いちばん安あがりだからです。[6] こうして、次のシーズンに大量に販売されるコレクションのために、既存のものをリサイクルするのではなく、地球に手を伸ばすのです。

それとも、ほとんどすべてアマゾンで用が足りるので、中心街にはずいぶん行っていない、とか？ アマゾンはなんでもより安く、より快適にするすごい巨大企業です。しかし、社会全体を調査、分析し、そのデータを他社に売って利益を得ていること、また、アマゾンを介した販売を望まないブランドやメーカーを組織的に攻撃していることが知られるようになってきました。少しずつ知られるようになっている別の事実ですが、そこで働くピッカーと呼ばれる、ハンディスキャナーを手に注文商品を集める人は、倉庫中を歩きまわらされ、注文商品を見つけるのに基準以上の時間がかかるとブザーが鳴るのです。一人で運転する配達員は、採用のときでさえ、ほぼだれとも会うことがありません。メール、動画、ナビゲーション装置だけで済ませられます。また、アマゾンは税金をほとんど払っていません。法人税が安く〔企業にとって〕魅力的な場所となっている世界の数か所で利益を申告しているからです。その一方でアマゾンは、税金でまかなわれたインフラや、不安定雇用者のための社会システムを各国で利用しています。「私の上げた利益の一部は私たちの公共サービスの維持に役立つ」という循環すら、はたらいていないのです。

この機械的な採掘マシン、利益の最大化マシンはこの間、世界規模の進歩のモデルとなりましたが、これは自然だけでなく、文化や生活様式でさえも、急速にすすむ均質化と経済化の対象としています。世界中を見わたすと――。

毎月約二五億人のアクティブユーザーがフェイスブックを利用しています。スター・バックス、ザラ、プリマーク、マクドナルド、バーガー・キング、コカ・コーラはいたるところで生産・販売されています。

私たちは世界中で、同じ映画を観て、同じ音楽を聴き、同じスターを知っていて、ハンバーガーやパスタやピザを食べるのです。

これはロボットバチとどんな関係があるのでしょうか?

一九八三年、国連は地球の限界と経済にどう折り合いをつけるかを検討する委員会を立ち上げました。四年後の一九八七年に発表された報告書は、ノルウェーのグロー・ハーレム・ブルントラント元首相が〔この委員会を〕率いていたため、「ブルントラント報告書」として知られ、人間の経済が持続可能であるためにはどのような方向をめざすべきかという指針を、はじめて策定したものです。その根底にあったのは、事態をふたたび軌道に戻す方法について、シンプルな目標をつくろう、というアイディアでした。当時、事態はすでに手がつけられなくなりつつありました。

委員会が見いだし、その後のすべての環境に関する協定の基礎となった定義は、次のようなごくシンプルなものです。「持続可能な開発とは、将来世代が自分たちのニーズを満たせなくなるというリスクを冒さずに、現在のニーズを満たす開発である」[7]。

これには二つの重要な補足項目がありました。貧しい人びとのニーズが優先されるべきである、という点と、社会や技術の発展（開発）は、自然の再生サイクルを破壊しないよう、注意が払われるべきである、という点です。ここには大きな発想の転換がありました。

一九八七年は、アメリカの経済学者ロバート・ソローが、成長に関する構想でノーベル賞を受賞した年でもありました。この構想は、新たな発明を経済の原動力と位置づけたもので、自然資本の代替《だいたい》可能性の議論もふくんでいました。これは、持続可能な経済活動のためのルールよりも複雑な感じがしますが、じつは同じようにシンプルです。とはいえ逆方向の解決に導くものです。自然資本の代替可能性とは、自然システムからあらゆる要素を取り出して人工的なものに置き換えることが可能だ、というものです。ロバート・ソローによると、人間が自然を破壊することは破滅ではなく、誤りですらありません。ただ人間は破壊した自然を技術で置き換えるだけでよく、そうすればすべては完全にうまくいくのです。グリーンをグレーにしろ、ということです。これによって「ブルントラント報告書」の二つめの補足項目の解釈が変わりました。社会的・技術的なプロセスを自然の再生サイクルを破壊しないように自然に組み込むことは、もはや問題ではありません。自然を十分に置き換えさえすればよいからです。

あるいは、ロバート・ソローの冷静な言葉を借りればこういうことです。「天然資源を他の要素に置き換えるのがとても簡単であるならば、原則として問題はない。世界は実際に天然資源なしでやっていける。したがって資源の枯渇はひとつのできごとにすぎず、破局ではない」[8]。

これをはじめて読んだとき、私はいっていることが理解できませんでした。

これにノーベル賞が与えられるなんて?

世界銀行のような重要な機関はこの考え方を採用し、自然資本を搾りとり、それで教育費や住宅費などをまかなった国に賞賛と資金を与えました。これは「真正貯蓄(Genuine Savings)」アプローチと呼ばれ、この基準では、熱帯雨林がなくなっても、人びとがそれで生産された製品やサービスで多くのお金を稼ぐならば問題はない、とされました。結局、経済の唯一の指標はお金であり価格なのです。しかし、人間の発明した代替物が、生命のネットワークにぴったりと適合するかどうかは、金銭的指標ではまったく示すことはできません。そして、あらゆる生命を、そのかわりになるマシンを人間がつくれるなら、破壊してしまってもだいじょうぶか、という問いは、価値中立的であると誤認されている経済学ではほとんど議論されてきませんでした。

気づいたと思いますが、私はロバート・ソローの視点は思い上がりで、彼の基本的な想定は自然科学の知見からかけ離れている、と思っています。これに対し、「ブルントラント報告書」の視点のほうがはるかに生活感覚に近いと思います。しかし、それを度外視すれば、ソローとブルントラントのアプローチは、人類史によく見られるように、世界に対する二つの異なる見方を体現しています。これは未来について決断をくだす際の二つの選択肢です。ひとつは、これまでどおりつづける、あるいはもっと露骨にすすめるというもの、もうひとつは、何かを根本的に変える、つまり、世界の見方を変えろ、そうすれば世界は変わる、というものです。この二つからの選択でした。そして現在も同じ選択をせまられています。

一九八七年の対決のあと、どちらが選ばれたと思いますか?

その結果として現在、ロボットバチが登場したというわけです。

昆虫の植物へのはたらきかけは、自然が人間に提供するサービスだと理解できます。連邦自然保護庁は、このサービスの価値を、お金に換算すると年間一五〇〇億ユーロほどだと見積もっています。(9) これは、アップル社、グーグルの親会社であるアルファベット社、フェイスブック社、マイクロソフト社が一年間に上げた利益の総額以上です。生態系が人間に提供するその他のサービスには、水、空気、栄養分の浄化と循環、暴風雨や洪水からの保護、人間にとっての自然空間のレクリエーション的価値などがあります。したがって、生態系が提供するすべてのサービスの金銭的価値を見積もるのは難しい作業です。これは、人間のおこなう価値創造と比較して、自然が私たちの生活にどれほどの付加価値を与えているかを明らかにすることでもあります。設問を反転させれば、これを全部自分たちで生産すると、どれだけのコストがかかるのか、ということです。そもそも私たちにそんなことができるのか、というのは別の問題です。

しかし、ロバート・コスタンザと共同研究者による二〇一四年からのメタスタディ〔複数の一次研究の結果を統合し、高い見地から分析をくわえる研究〕の算出した総計は途方もない数字で、多少の誤差があったとしても、問題にならないほどです。二〇〇七年までに自然は人間に年間一二五〜一四五兆ドルのサービスを提供していたのです。これは世界の国内総生産（GDP）、つまり世界中の人たちが一年間に生産したすべての財やサービスの合計よりもあきらかに多額です[10]。二〇一八年のGDPは八四兆ドルですが、二〇〇七年にはまだ五五兆ドルくらいでした。また、同研究では、二〇〇〇七年までの生態系サービスの破壊は年間約四・三〜二〇・一兆ドルであったとしています。GDPの伸びと生態系の破壊を相殺すれば、トータルではマイナスになります。

しかし、人間は資源の確実な提供、健全な生活の維持、生活の質の高さを保証する生態系サービスの非常に大きな価値を、自然からいわば無料で受け取っています。わざわざそれらを発明、開発して、人間や機械にお金を払う必要はありません。だからこそ、バランスシートにその項目はありませんし、経済学ではお金を払う必要のないものには価値がないので、これまで自然に対して十分な重みが与えられてこなかっただけなのです。私たちは、積み石のひとつひとつや、地球から採取した個々の資源、何立方メートルかの木材や何グラムかの鉄にはお金を払います。それに対し、大気や水の再生・拡散しながらの浄化、花粉や種子の飛散、炭素の貯蔵、食物連鎖や生物多様性の保護などについて、まともに機能する価格システムを私たちはもっていませんし、そもそもその価値を理解すらしていません。自然の保護と経済的成功は相反するという言い分がどれほど奇妙なものか、気づいたでしょうか？

世界の農作物生産の三分の一は、植物を受粉させる昆虫に依存しています。しかし、ウォルマートのような企業が、できるだけ低価格で食品を提供することにばかり気をとられているかぎり、低価格で食品を提供するために必要な工業的農業のおよぼす被害が目にはいらないのは、当然のことです。

幸い、企業自身がそれに気づきはじめています。

数年前から、ウォルマートは持続可能な企業になる努力をしています。同社は膨大な数のトラックを近代化し、冷凍装置の消費電力を削減し、包装を最小限におさえ、気候変動を加速する二酸化炭素を大幅に節約しました。あきれるほど大きなそのスーパーマーケットの屋上にソーラーシステムを設置したことで、アメリカ最大の太陽光発電の事業者になりました。そのうえオーガニック製品も品揃えに入れるようになり、ウォルマートは一気にオーガニックミルクとコットンの世界最大のバイヤーになりました。

大成功のようですが、どうでしょう？

こんなに巨大な企業が一気に持続可能なものになれば、きっとシステム全体が持続可能な方向に変わる、そう思いたいでしょう。しかし、本書で説明し、問いなおしている成長、生産性、競争力といった経済の考え方に依拠するかぎり、そんなことは起こりません。企業でも、ミルクとコットンの市場でも。ウォルマートは、世界最大のオーガニック製品の販売チェーンにはなりませんでした。そのかわり、ロボットバチを開発しているのです。

ドローンが本当にミツバチのように機能するかどうかは、大胆な実験ではあります。たとえば、アマゾンなどでは、ロボット・ハンドは繊細な動作が不十分なので、まだ人間を必要としています。ミニチュアの電子機器はかなり壊れやすく、ハチのような自己修復するタフな生物とは大きな差があります。さらに、人間のつくったこれらの技術的な代替品は、これもまた人間によるエネルギーを必要とします。でも今日すでに、エネルギー消費量を減らし、気候変動を抑制することが課題となっています。ハチは食べ物からエネルギーを自分でつくりだします。彼らは植物の花粉と自分でつくったハチミツを食べて生きています。植物は光合成からエネルギーを得ますが、これは人間の手をまったく必要とせず、他の生態系サービスを害することもありません。

残念ながら、ソローさん、たとえ倫理的な問いや価値判断を「チーム人間」の存続だけにかぎるとしても、人間のつくる機械的工程とエネルギーだけで機能する未来の経済システムの構築、というアイディアは、復元性という観点から見ると、狂気というほかありません。

多様なかたちでエネルギーを供給し再生する自然という私たちへの贈りものを、そのまま維持してはどうでしょう？　本物のミツバチを退治してしまう栽培方法や植え付け方法は、今日すでにわかっています。生命を維持するイノベーションのアジェンダはどちらでしょうか？　ドローン？　それとも栽培方法、サプライチェーン、土地利用の考え方を変えること？

人間の経済活動の全容は自然との関係のなかであきらかになります。自然のシステムを人間のニーズに従属させると、自然システムの多様性が減り、より脆弱になります。それを安定させるためには、これまで以上のコストが必要になります。人間のシステムは持続可能ではなく、それを改編するすべを見つけなければ、必然的に崩壊にいたります。

第4章／人間とふるまい

あるアイディアが成功すると、それは容易によりいっそうの成功をおさめるようになる。つまり、そうしたアイディアは社会的・政治的システムのなかに組み込まれ、そのアイディアがさらに普及する支えとなる。そうすると、そのアイディアは支持者が利益を得る時代や場所を越えて、支配をおよぼすようになる。

歴史家　ジョン・ロバート・マクニール

最後通牒《つうちょう》ゲームは、人間のふるまい方を研究する科学的な実験です。この実験は、一九七〇年代末、ドイツの経済学者ヴェルナー・ギュートと共同研究者が考えたものです。ギュートらは二人の被験者のうちの一人にいくらかお金を与え、もう一人の被験者にこのお金を分け与えるように求めました。ただし、お金を分け与えるように求められた被験者が、もう一人の被験者に差しだす金額の提案は一度だけで、あとで訂正することはできません。相手が提案された金額に同意すれば、二人の被験者双方がお金を受け取ることができます。それに対し、相手が提案を断れば、二人とも何ももらえません。そのため、お金を差し出す側は、相手に同意してもらうためにいくら分け与えればいいか、あらかじめよく考えなければなりません。

この実験からわかったのは、金額を提案する側が、提案される側の同意を得るために与えなくてはならない最低限の金額が決まっている、ということです。それは、総額のおよそ三〇パーセントでした。

つまり、一方の被験者が一〇〇〇ユーロもっていたら、その被験者は少なくとも三〇〇ユーロを分け与えなければならないのです。そうしなければ相手の被験者に断られてしまいます。

みなさんはこれを聞いて驚きませんか？

経済学者たちはこの実験結果に驚きました。

もし世界を新しい視点で考えなおそうとするなら、私たちは、今日の私たちにとってなじみ深い世界を根底で支えている、そもそもの考えにまでさかのぼらなくてはなりません。そこには、自然に対する人間の見方だけでなく、人間自身に対する人間の見方もふくまれます。こうした問題では、自然の場合ほど人間に肉薄できないのではないか、と思うかもしれません。人間を問題にするとき、ほんとうに人間は人間自身のことをよくわかっているでしょうか。残念ながら、実際のところはしばしば逆です。

たいていの経済学理論の背後にある人間のイメージとは、どのような状況でも冷静に自己利益の計算を心がける利己主義者というものです。この考え方では、人間は決定を迫られたとき、消費者としてはつねに自分に最大の効用をもたらすものを選び、生産者としては自分に最大の利益を約束するものを選ぶとされます。感情は、自分自身のであれ他人のであれ、何の役割も果たしません。ここでは理性にしか決定権がありません。さらに、この理性とは損得勘定《かんじょう》だけにかぎられています。〈ホモ・エコノミクス〉――そう呼ばれる考え方が、人間の経済的なふるまいとその理由を経済学の観点から説明するときに、昔から用いられてきました。もちろん、これは大ざっぱな思考パターンにすぎませんが、さまざまなモデルの出発点とされたのです。

こうした理由から、最後通牒ゲームの結果は経済学者たちをおおいに驚かせたのでした。お金を差し出してもらう側が〈ホモ・エコノミクス〉であったなら、その人はいくらだろうと受け取るはずでしょう。〈ホモ・エコノミクス〉であれば、差し出されたお金がどんなに少なくても、差し出された額の利益をのがしはしないでしょう。この考え方に反して、最後通牒ゲームの被験者は、相手が公正に分配していないと感じたら、むしろまったくお金を受け取らないほうを選んだのです。〈ホモ・エコノミクス〉の考え方からすると、これはまったく非論理的だと思われました。経済学のあいだで広まっていた人間のイメージやモデルと矛盾したのです。

だとすると、なぜ持続可能な社会を達成することがこんなに難しいのでしょうか？　素朴に聞こえるかもしれませんが、私は若いころ、人間にただ知識が足りないだけだ、と思っていました。別のふるまいをしなければならないことを理解し、どうふるまうか理解すれば人間はうまくやれる。私はそう考え、メディア研究の授業に出ました。でも、みなさんも知ってのとおり、そもそも知識とは何か、どのような知識が役に立つのか問うこともまた大事なのです。

私たちの大半には「論理的」だと思われることを、トップクラスの大学で経済学を教え研究している人の大半は、「自己の利益を最大化するという」人間生活の規範、それもかなり陰鬱《いんうつ》な規範からの逸脱に分類します。これに私は驚きました。さらに驚いたのは、私がEU共通の学位取得のために国民経済学の講義に出席し、そこで経済学者たちが世界を見るときに使うさまざまな理論について、多くのことを知ったときのことでした。そこでは突然、あの陰鬱な規範が、〈いつわりの世界〉の方法にされていたからです。このような経済学理論には、ほんとうの自然もほんとうの人間も出てきませんでした。基本的にすべてが、「企業はより多くの利益を得ようとし、家計はより多くのモノを買おうとし、そうして国家の経済はよりいっそう成長する」ということを軸にまわっていました。この観点では、お金がただひとつの価値でした。

こうした講義のひとつで、ある教授が、労働者は、外国に引っ越さなければならないとしても、もっとも高い賃金が得られるところにつねに移動するものだと説明しました。私は手をあげて質問しました。地元の貧困と賃金格差がどれくらいだと人間は家族のもとを離れるのか、また、このモデルでは移動や別居といった労働者の側のコストが発生しないことになっているが、それはどういうことか、と。すると、講義室は突然、シーンとなりました。

教授は助手に目をやり、他の学生は私をじっと見つめました。最後にこういうのが聞こえました。「ごらんなさい、心のあったかい人だねえ」。

私の質問への答えはありませんでした。それからというもの、どうして経済学は冷たい心を自慢したがるのか、それの何がよいとされているのか、という疑問が頭を離れなくなりました。一方で、なぜ私たちは持続可能な社会をつくりだせないのか、その答えに重要な点で一歩近づいたと感じました。経済学の思想史を中心にした博士論文を書こう、そして、どのようにこの〈いつわりの世界〉が生まれたのか、また経済学の考えが政治や社会の発展のなかでどのような役割を果たしたか研究しよう——私はそう決意しました。

経済学者たちは人間の行動をどう評価しているのでしょうか。人間が理性的に経済活動をしているか否か、何を基準に測るのでしょうか。この問題は、三人の男性の認識にまでさかのぼります。三人とも二世紀以上前に生まれた人物で、出生地も全員イギリスです。先に述べた人間像を基礎にした経済形態も産業化もこの時代のイギリスで成立したのですから、あまり驚くことではありません。理論と実践とはたいてい、別々に生まれるのではなく、たがいを反映するのです。

三人のうちの一人めはアダム・スミスです。「諸国民の富」に関する彼の著作は、今日でもよく引用される作品です。アダム・スミスによれば、人間はみな労働によって自分がいちばんうまくつくれるものをつくります。するとさまざまな製品が生まれ、それらは自由な市場で取り引きされ、需要と供給で価格が決まります。こうして、個人の自己利益は、市場の論理から見れば、万人の利益を結果としてもたらします。さらに、アダム・スミスはこうした様子を、「見えざる手」によるものだ、といいあらわしています。ほとんど魔法のようなイメージですが、これはアダム・スミスよりものちの解釈者にとって、より中心的な役割を果たします。

二人めはデイヴィッド・リカードです。リカードは、分業と交換の考えを、すべての国々のレベルに広げました。彼は対外貿易のモデルを定式化しました。そのモデルでは、ほかの国と貿易を始めることは、ある国の輸出品が、輸入する国で同じコスト、あるいはもっと低いコストで手にはいる場合でも、どちらの国にとっても利益となります。彼はポルトガルとイギリスを例にあげました。ポルトガルとイギリスはかつて両国とも毛織物とワインをつくっていましたが、当時、ポルトガルはどちらの商品もイギリスよりも低いコストで生産することができました。それでも、お互いに貿易することはポルトガルとイギリス両国にとって有益であることをリカードは示したのです。なぜなら、ポルトガルがワインをつくるために必要とする労働者は、イギリスが毛織物を生産するために必要とする労働者より少ないからです。だから、ポルトガルがワインづくり、イギリスが毛織物づくりに特化すれば、それぞれの国が両方を生産するより、結果として多くのものをつくることができます。このいわゆる「比較優位」のモデルで国際貿易は今日まで動いている、より適切な言い方をすれば、このモデルを基礎にしているのです。

経済モデルにかかわる三人めの男性は、経済学者ではなく、自然科学者でした。その人物とはチャールズ・ダーウィンです。ダーウィンは、新しい生物種が偶然の遺伝的な変化と自然選択によって起こること、また自然選択は変化に適応する能力によって引き起こされることを見抜きました。ちょうどその時代にようやくひとつの学問分野として成立した経済学という学問は、このダーウィンの観点をみずからがあつかう対象に応用しました――それも、代表的な経済学者のだれよりも先に、哲学者であり社会学者であったハーバート・スペンサーがそれをおこなったのです。そのとたん、人びとの分業をうまく組織し、より多くの財を生産して人びとに提供することは、経済学にとって重要なことではなくなりました。人間関係としては、経済は各人の各人に対する闘争になってしまいました。もっとも強いものだけが生きのこる闘争に、です。

以上の三つの想定にしたがうなら、経済とは、よりいっそう多くのものを生産し財産を蓄え、まったくのエゴイストたちのなかでエゴイストとして生きのびようとする試みにほかなりません。そうすれば、奇妙なことに、最終的にはすべての人にとって福利がつねに増大することになるのです。

みなさんはこれを聞いてどう思いますか?

何かひっかかる話だと思いませんか?

もしひっかかる話だと思ったら、〈ホモ・エコノミクス〉のことを、また〈ホモ・エコノミクス〉が最後通牒ゲームでどうなったかを思い出してみてください。というのも、これまでの話も、もしかすると正しくないかもしれないからです。各種メディアの経済記事でこういう話のさまざまなバリエーションをよく目にしますが、それでも、正しくないかもしれません。

一九七〇年代半ば、アメリカの経済学者リチャード・イースタリンが、「経済成長は人間の運命を改善するか」というタイトルの論文を発表しました。イースタリンはその論文で、一九か国の二五年間にわたる経済データを比較し、さらにそのデータを、それぞれの国民の生活満足度に関するアンケートとかさねて考察しました。彼が突きとめたのは、一人あたりの平均所得がある一定額に達すると、所得がさらに増えても、平均的な満足度は向上しなくなる、ということでした。一人あたりの国内総生産と一人あたりの国内総幸福のあいだには、はじめは確かな結びつきがありますが、この結びつきがなくなり、さらに裕福になっても生活の質が必ずしも高まらない時点があきらかに存在したのです。この矛盾は、発見者にちなんで、今日まで「イースタリン・パラドクス」と呼ばれていますが、経済学者ではない人にとって、より多くをもったからといって、それだけ幸福になるとはかぎらないことは、別にパラドクスなどではありません。衣食住が足りてさえいれば、よい健康状態、健全な関係、充実した仕事、人びとの承認が、私たちの生活の価値を測る際により重要になるのは当然のことです。それなのに経済学者たちは、〈ホモ・エコノミクス〉とそのふるまい方にもとづいてモデル化された市場と社会の発展の問題を探すためだけに、相変わらずその賢い頭を酷使しているのです。つまり、これまでのモデル（と計算モデル）は一人の代表的なアクターにもとづき、そのアクターの決定から経済のダイナミズムを予測するもので、このモデルを現実に近づけるのはそれほど容易ではありません。学術用語では、これは方法論的個人主義と呼ばれます。経済学者の多くはこの方法論的個人主義をとにかく手放そうとしないのです。つまり、原則として定められた目標達成のために基本的に希少な手段をどう用いるか人間が決定をくだす、というモデルが中心にあるのです。見当がつくと思いますが、この目標とは、消費の拡大です。ようやく徐々に、さまざまなキャラクターが関係しあう、いわゆるエージェントベースモデルというものが生まれつつありますが、これまでのモデルよりもかなり複雑で、実際、かなりの計算処理能力を必要とします。

あたりまえのことですが、科学的理論というのはきめの粗《あら》い単純化です。そうでしかありえません。理論とはまず、ごくかぎられた視点による、世界の読み方にほかならないのです。理論は現実の個別的な側面をよりどころとします。その際理論は、そうした側面のうちのいくつかをほかの側面よりも意図的に重視し、ときには二番め、三番めをまったく無視する、という決定をくだします。これは欠点などではまったくなく、むしろある理論がその目的を果たすための前提です。その目的とは、雑然として見通しのきかない世界のなかに整然とした見通しを打ち立てることです。やがてそれはもっとよい別の理論にとってかわられることになります。

もちろん、アダム・スミスが「見えざる手」というイメージを用いたことには、それなりの理由があります。ただし、アダム・スミスの考察が、イギリスの小規模な手工業者や工場制手工業者たちが商取引をしていた現実のなかで成立した、ということは忘れられがちです。国際的に活動する巨大企業によるグローバル化は、アダム・スミスの時代にはありませんでした。アダム・スミスの第二の主著は『道徳感情論』というもので、そこで彼は、共感能力を人間の本質的な特徴として描いています。このことも、そして彼が市場を規制する法律を明確に擁護していた、つまり、市場はすべてを自身で統治できるという前提に立っていなかった、という事実も、注意を向けられないことがよくあります。

また、デイヴィッド・リカードはどうでしょう。資本が世界中を自由に動きまわることができ、もはやひとつの国の生産条件を気にかける必要もないような金融市場ができるなどとは、リカードには知るよしもありませんでした。また今日では、いくつかの貿易相手国だとか、特定の生産物といったものは重要ではありません。尺度となっているのは全世界です。ある国が自由貿易に参加すると、自由貿易に参加しているほかのすべての国とすぐさま競うことになるのです。そして、輸出品とまったく同じ商品が大量に輸入されます。ひとつひとつの生産物の相対的なコスト差は、それぞれの国内経済全体で見た生産の基本前提における絶対的なコスト差にすぎなくなっています。世界市場での価格を下げるために国内の社会や環境を犠牲にして生産コストを下げなければならない、という圧力は高まる一方です。比較優位は、あらゆるものをいつでもどこでもより安くしようとする闘いのなかで最高潮に達するのです。これが競争力と呼ばれるものです。

では、チャールズ・ダーウィンはどうでしょうか。進化とは選択の過程、試行錯誤の過程です。とはいえ、進化がもたらすのはつねに多様性であり、集中ではありません。もちろん、強者と弱者はいますが、決定的なのは、環境に適応しそのなかで固有のニッチ〔生態的地位〕を占める能力なのです。進化が生じる枠組みとなるそのときどきの条件は、ある生きものにとってはほかの生きものよりも有利なものとなります。そこから考えると「全般的に優れている」という主張は、「条件しだいでは」くらいの弱いものになります。また、自然のなかで生じる競争はつねにローカルな範囲にかぎられていて、世界全体で独占的地位を占めるなどということはありません。条件が変化するなら、できるだけ多くの選択肢があるほうがよいからです。ですから、ニッチやそこに生息するものの存在、さまざまな解決策の存在は、全体の維持や新たなものの発生にとって重要な価値をもつのです。

これら三人の思想家には共通点があります。それは、彼らの後継者たちが、その核心的な考えを文脈から切り取り、経済「一般」の普遍的法則に昇華させてしまったことです。

このことを理解するのが、なぜ大事なのでしょうか？

それは、経済学というものが、自分だけの世界に閉じこもって、だれも読まないような研究をしている教授たちだけの関心事ではないからです。まったく逆です。多くのことが経済学の科学的な仮定にもとづいているのです。決算報告、会社の経営モデル、政策決定、制度設計などは、経済学の科学的仮定にもとづいています。私たちのだれもが、意図的かどうかにかかわらず、この仮定をもとに自分のふるまいを調節しているのです。経済学は、あるものが経済的かどうかを評価するシステムをつくりだします。経済学こそが進歩を定義しているのです。

あるものが「非経済的」だとか非効率的だと評するこことは、ずいぶん前から、ものごとの評価のなかでも、きわめて破壊的なものになっていないでしょうか？

そして、第二次世界大戦後に私たちが体験した信じられないほどの富の増加は、経済学の認識にひたすらしたがわなくてはならない、ということを証明していないでしょうか？

人間はずっと自分たちの生活を、理論の上に、つまりいわゆる現実について思考から得られた認識の上に築いてきました。理論が、吟味する現実を歪めて描くとすれば、それは理論だけの問題ではありません。あまりにも厳格に理論に依拠すると、いつしか理論は、そこから導かれる独自の現実も生み出します。これは〈いつわりの現実〉だともいえます。

だからこそ、理論をくりかえしアップデートするという、反省的な学問が必要なのです。そのときに稼働しているシステム全体がもはやうまくいっていないとわかれば、このシステムも変えてみなくてはなりません。

あるいはみなさんは、はるか二〇〇年以上も前に通用していたルールで、いまでも子どもを教育するでしょうか？

〈ホモ・エコノミクス〉には、さまざまな資源のあいだの質的ちがいなどまったくわかりませんし、また、個人のレベルであれ社会のレベルであれ、性差も協調も共感も責任も知りません。厳密には社会が何であるかさえ知らないのです。〈ホモ・エコノミクス〉として生まれる人はいませんが、〈ホモ・エコノミクス〉のようにふるまうことで、つねにリターンを得られるシステムのなかで育てられれば、社会的存在としての人間は〈ホモ・エコノミクス〉になるように教育されることでしょう。理論は実践をつくりだすのです。そして私たちはみな、他者に対するふるまいをもっともらしく思わせる、あるいは少なくとも合法的だと思わせる、よくできたストーリーを探したがります。だとすれば、利己主義や思いやりのなさや冷酷さは人間らしい特徴などではまったくなく、利他主義や分け合う能力や温和さといった性質を抑圧する教育の産物にすぎない、ということになるでしょう。

大企業について、かつて世界最大の企業の弁護士を務めていたジェイミー・ギャンブルはこうまとめています。証券会社のマネージャーやリーダーは、株価ばかりに過剰に注意を向け、ソシオパス（反社会性パーソナリティ障害）のようにふるまうことを法律によって押しつけられているのだ、と。社員や顧客との関係、また製品を生産、販売する地域との関係や、自分たちが日々おこなっていることが環境や未来世代に及ぼす影響といったことは、彼らには現実に存在するものだと思われていません。[11]

でも、大企業のそとで、経済とまったくかかわりのなかった生活領域にも経済学的な思考がはいりこんでいるのを見ることがあります。他人、病人、老人、子どもの世話は、職業教育やパートナー選びや自分自身の体とまったく同じように、この経済学的思考の論理のなかに引きずりこまれているのです。ミュンヘンの病院では小児科が閉鎖されました。子どもの治療にあまりにも時間的なコストがかかる、というのがその理由です。会計は、治療の長さにかかわりなく、一件ごとの費用の総計だけしか示されません。だから、患者の話をよく聞いたり、ていねいに説明したり、慰めたりする時間が少ないほど、利益は上がります。休暇の過ごし方はリラックスしながら同時にエキサイティングなものでなければなりません。要は、時間がないのです。子どもが生まれたら、子育てに投資する時間と労力が無駄にならなないよう、その子どもはひとかどの人物にならなければなりません。そしてもちろんこの価値体系の意味でひとかどの人物になるということは、助産師のような社会的価値を生み出す職業ではなく、投資銀行家になって高収入を得ることを意味します。テレビをつけると、出演者が商品のように売り出されるタレントショーが流れ、市場（視聴者）が厳しい裁判官として出演者に判決をくだします。また、成果への圧力にさらされてストレスを抱えながら、燃え尽きたくないと、たとえばヨガや瞑想を始めるとしても、このハムスターのまわし車のような状況から降りる可能性やその降り方について考えをまとめるためではありません。逆に、早く次の成果を上げられるように、さらに集中し、生産性を高め、魅力的になるために、私たちはヨガなり瞑想なりをおこなうのです。これは自己最適化といわれ、もっと便利になれば、やがてデジタル端末や体内埋めこみ装置がほとんど自動的にやってくれるでしょう。結局、私たちはみんな人的資本であり、自分の市場価値を高めるよう心がけなくてはならないのです。

いろいろなところで目にしますが、特にソーシャルメディアでよく見られるのは、需要と供給の法則よりも本質的な価値が重要だった生活領域に、販売や競争といった考えがしゃしゃり出てくる、という事態です。いつもエゴサーチしてフォロワーや「いいね」や友達申請の数を数えていないと、自分がいま存在していると感じられない人がいるといわれます。

どうしたら、こんな状態から抜け出せるでしょうか？

ある理論のなかで基本的な前提がたったひとつ変わると、何が起こるでしょうか。それはたとえば、仏教で労働がどのように理解されているかを見てみればわかります。西洋の世界とその近代の進歩思想の経済モデルでは、労働とは、雇用主にとっては最小限におさえたいコストを意味します。また、被雇用者にとっては自由や余暇を失うことを意味し、この損失を賃金で埋めあわせなければなりません。ですから、双方の理想は、雇用主が被雇用者に賃金を払わなくてもよく、また被雇用者が何もしなくても賃金を受け取れる、という世界でしょう。

それに対して仏教では、労働は人間が自分の能力を発達させる手助けだと考えられています。労働は人間をたがいに結びつけ、自分にこだわるばかりに自己を見失うことを防ぎます。さらに労働は、人間らしい生活をおくるために必要な商品、望ましい商品やサービスをつくりだします。ですから、そうした世界が理想とするのは、できるかぎり安い価格で生産量を増やすことではなく、公共の福祉を確保するためのいわゆる活動社会でしょう。自動化ではなく、人びとが負担の軽減を望むときに技術によって補われる人間の行為でしょう。つまり、人間の力や能力を強める道具と、人間から労働を奪う機械はちがうのです。どんな犠牲を払ってでも、できるだけ多くの財をできるだけ早く生産するように労働を組織することは、仏教的な世界観では罪深いことでしょう。なぜなら、それは、人間よりも量を、経験と関係よりも利益と生産物を大事にすることだからです。

気づきましたか？

世界を新しく考えるためには、たったひとつのことをこれまでとは別の価値観でとらえるだけで足りることがあるのです。

仏教的な経済の考え方を描きだしたのは、ドイツに生まれイギリスで活躍した経済学者エルンスト・フリードリヒ・シューマッハーでした。シューマッハーは、一九五〇年代なかばにビルマ〔現ミャンマー〕で経済顧問を務めたのち、その仕事に取り組みました。彼の著書『スモール・イズ・ビューティフル』は、ドイツ語訳では『人間的な節度への帰還』という美しいタイトルがつけられています。この本は持続可能な経済についてもっとも影響力のある一冊とされていますが、持続可能性という概念が生まれるずっと以前に執筆されました。七〇年代はじめに出版され、またたく間にベストセラーとなったこの本で描かれた未来は、私たちが今日なお直面している問題に対する答えのように思われます。

しかし、彼はノーベル経済学賞を受賞しませんでした。

また今日でも、経済学の一流学会誌には、経済学自身が抱いている世界像を問いなおす論文はほとんどありません。これと関連して、二〇一九年九月に経済協力開発機構（OECD）でおこなわれた、「システムの崩壊を防ぐ」と題された会議も私には印象的でした。経済学の課題への新しいアプローチ〔NAEC〕という小さなワーキンググループが、新しい報告書を提出したのです。この報告書は、〈ホモ・エコノミクス〉モデルの不十分さを示す経験的知見の長いリストをまとめ、自然資本の代替可能性という考えは、経済成長が包摂、公正、生活の質の向上と等しいという考え同様、役に立たないことを示しました。

このワーキンググループがプレゼンテーションをするやいなや、アメリカ代表が発言を求め、NAECのプログラムリーダーに、このようなイデオロギー的な妄言はOECDの設立理念にそぐわない、と注意しました。最終的にOECDのあり方を決めるのは拠出金を払っている加盟国だ、というのです。

それでは大多数の最高経営責任者（CEO）はどうでしょうか？ ジェイミー・ギャンブルによれば、大企業は将来的に従業員、顧客、地域、環境、未来世代に法的な責任を負うべきだという提案に対する彼らの反応も、これまでかならずしも幸福な結果を生んでいません。

「私はけっして落胆しない」とかつてシューマッハーは書き残しました。「たしかに私には、風を起こして私たち、あるいはこの船をよりよい世界に運ぶことはできない。それでも、少なくとも帆を張って、風が起きたときにそれを受けとめるようにすることはできる[12]」。

ほんのわずかですが、OECDは風を起こしました——その風は、先に述べたアメリカの拒否権にあらがうくらいのものではあったかもしれません。少なくとも、OECDが掲げる標語は、「成長のためのよりよい政治」から「よりよい生活のためのよりよい政治」に変更されたのです。

経済学の多数派はいまだに人間を、自己利益だけを考え、不思議なことに、それによってすべての人を豊かにする、利己的な生きものだと考えています。この人間像はあやまりで、すぐにでもアップデー

トしなくてはいけません。利己主義に報いるシステムは利己主義を教えます。私たちは、協調して生きる人間を支える価値を新しく考える必要があるのです。

第5章／成長と発展

世界は私たちの生活を左右する三つの危機に直面している。気候の危機、不平等の危機、民主主義の危機である。それなのに、経済の進歩を測るこれまでの方法は、問題があるかもしれないという、わずかなヒントすら与えてくれない。

経済学者　ジョセフ・スティグリッツ

カールステン・シュヴァンケは、第一チャンネルの「今日のニュース」(ARD(ドイツ連邦共和国公共放送連合)テレビの報道番組)の直前に気象情報を伝える気象学者です。番組には、視聴者におもしろい気象現象を紹介するコーナーもあります。シュヴァンケは、なぜ虹は曲がっているのか、なぜ雲は空から落ちないのか、といったことを三分か四分ほどで説明してくれます。視聴者は、いままでこうした疑問をもったことがなくても、すぐにわくわくして答えを待ちます。しばらく前から、シュヴァンケはこの番組で気候変動も取り上げています。なぜ南極の気温は零度を超えたことがないのに氷が融けるのか、ドイツの干ばつとカリフォルニアの山火事とイタリアの洪水のあいだにどのような関連があるのか、といったことを彼は説明します。ふつうなら天気のようなたわいもないことが話題になるところで、いきなり世界の崩壊が姿を見せます。これは人をいらだたせるものです。本書のはじめに、朝のラッシュアワーに通勤する人たちを乗せるはずの地下鉄の屋根に突然よじのぼった二人の男性の話をしましたが、それとほとんど同じくらいです。

ソーシャルネットワークでは、シュヴァンケが気候変動を解説するこの番組は独走状態です。動画は放送から何か月かたってもなお一万回共有され、一〇〇万回再生されています。またARDには、この番組をもとにして「今日のニュース」が始まる前の時間に独自の番組をつくれないかと視聴者からの問い合わせがありました。そうしてできたのが「八時前の天気」「八時前の株価」という番組のパロディーです。

サスティナビリティの研究者として、私はこの番組をかねてから勧めてきました。というのも、この番組であつかわれるテーマはますます重要になっていて、それが私たちの日常的な関心の枠のなかに重要な情報として場を占めるようなったからです。それとは別に、政治経済学者として特に魅力を感じるのは、もしかすると毎日の天候のレポートが株式市場の動向の直後に流されるかもしれない、ということです。

株価の値上がりを示す曲線の次に、二酸化炭素排出量の増加を示す曲線が示される。そうすれば、私たちの経済システムが払う気候コストが数分以内で、しかも最高の時間帯に、即座に、しかも具体的にわかるでしょう。

ハワイにあるマウナロア観測所は、一九五八年から大気中の二酸化炭素の割合を測っています。この観測施設は意図的に都会から完全に離れ、海抜三〇〇〇メートル以上の、火山の風の影響を受けにくい斜面で、アメリカ大陸からおよそ四〇〇〇キロメートル離れたところに建てられました。観測誤差を引き起こすものがないからです。六〇年以上中断なくとられた記録は、世界でもっとも価値のあるデータのひとつです。

この計測値をもとにしたグラフ曲線を見ると、ほぼ一貫して上昇していることがわかります。曲線が上昇していない例外が三つだけあります。七〇年代なかば、九〇年代はじめ、そして二〇〇八年からあとは、曲線がわずかになだらかになっています。

どうして、それらの時点が例外になったのでしょうか？

七〇年代なかばには石油危機が起こりました。このとき、アラビア諸国が石油採掘量をわずか五パーセント減らしただけで石油価格は短時間のうちにおよそ二倍になりました。九〇年代はじめにはソビエト連邦が崩壊しました。そして、二〇〇八年には金融危機によって多くの国で国内総生産の成長が鈍りました。これらのできごとは政治的観点ではかなりちがうものですが、経済的観点では同じことを意味しています。つまり、生産や輸送や消費の量が減り、それにともなって二酸化炭素の排出量も減ったのです。

言い換えれば、経済が縮小すると気候変動も鈍化し、経済が成長すると気候変動は加速するのです。もっとシンプルにいいましょう。今日の経済成長とは気候変動のことです。そして、さらなる経済成長とは気候変動が深刻化するということです。

これが私たちの文明の運命ともいえる論理です。

信じられませんか？

であれば、マウナロア観測所の計測値のグラフ曲線と、過去六〇年間に世界の経済成長のグラフ曲線を一度見比べてみてください。二つのグラフ曲線がずっと上昇していることがわかるでしょう。それだけではなく、達成した二酸化炭素の総削減量はこの全体像を変えるには不十分だった、ということもわかるでしょう。二つの曲線の推移はほぼ完全に一致しています。それは、物理学者のヘンリク・ノルトボルクが「一匹の亡霊が世界を徘徊している――事実という亡霊が」というエッセイで述べたとおりです[13]。

これは、私たちが向き合わなければならない不愉快な結果のひとつです。もうひとつの不愉快な結果は、経済成長と気候変動の結びつきを解こうとするあらゆる試みが、これまで何ひとつ十分な成果を収めてこなかった、ということです。

気候変動についての京都議定書やパリ協定も、再生可能エネルギーの拡充も、大気中の二酸化炭素濃度の上昇を止められませんでした。

さらに、原料採取、森林伐採、生物多様性の喪失、プラスチックゴミの現状をあらわす測定値はどうでしょうか？　判で押したようにどれも同じ動向です。つまり、グラフ曲線はホッケースティックのように上昇しています。

これは憂鬱な結果ですが、基本的にはまったく驚くようなことではありません。「経済的観点からより多く生産しなければならない」という考えを手放さないかぎり、人類は、自分たちと環境にとってあるところで進歩しても、別のところで帳消し以下の結果になるのです。

この第一の原因は、現在、世界の総人口がとてつもない速さで増えていることにあるのでしょうか？

もちろん、それも原因です。でも、たとえばドイツではここ数十年で人口が目に見えて増えたわけではありませんし、一時は減ってもいました。私たちドイツ人は気候保全対策で先陣を切ってきましたが、その大きな理由は、東ドイツの産業が崩壊した結果、二酸化炭素排出量が一挙に、かつ大幅に削減されることになったからです。もちろん、さまざまな技術の改善や資源再利用の進歩もありました。そのおかげで、必要なエネルギーや資源の総量は、経済活動の規模との比率で見れば、あきらかに改善しました。一台の冷蔵庫、一台の自動車、一台の暖房器具がもたらす影響は、もはやそれほど大きくありません。それなのに、全体としては、電力需要は一九九〇年から一〇パーセント以上増え、エネルギー消費量はおよそ三パーセント減っただけです[14]。

そういうわけで、『成長の限界』という一九七二年のレポートの診断は、いまなお妥当しています。つまり、経済活動の成長に限りがあるのは、私たちがこの星から奪いとったり付け加えたりできるものの規模が限られているからなのです。それなのに、私たちは経済活動と成長を測るとき、明瞭に浮かび上がってきたこの物理的な限界を、いまだ視野に入れていないのです。

国内総生産には、一年間にひとつの国で生産、提供されたすべての商品とサービスの総価値しかふくまれません。GDPがイギリスで考案された二五〇年前、それはまだ土地や家畜や国有財産などに区分されていました。でも第二次世界大戦中、GDPには政策上の特定の目的があてがわれるようになります。当時、特にアメリカは自国の経済で必要な軍備をどれだけ早く調達できるか、正確に知ろうとしました。それ以後、GDPは成長、そして豊かさを測る指標になってしまいました。ひとつの考えからひとつの数字が生まれます。そして、ひとつの数字から、決定が導かれ、政治が生まれ、社会がかたちづくられるのです。その数字の背後でどれほどの価値が失われ、どれほどの損害がもたらされてきたことでしょう。これは、いまだに隠されたままです。

例をあげましょうか?

ある沿岸地帯でタンカー事故が起きて海が石油で汚れると、GDPが上昇します。なぜなら、海が汚れると、企業が石油を浜辺から除去し、サービスが提供されることになるからです。石油汚染によって生態系にもたらされた被害はGDPにはあらわれません。その理由は、すでに見たとおり、自然はただそこにあるだけでは経済的な決算にはあらわれないからです。これに対し、子どもが生まれたあと、お父さんお母さんが育休でしばらく家にいて仕事に行かないと、GDPは下がります。子どもの幸福度や両親が子どもといっしょの生活を始めることは、GDPの計算にはいらないからです[15]。GDPという指標が示すものを、おそらくもっとも印象的に定義したのは、ロバート・ケネディ（ジョン・F・ケネディの弟）の一九六八年の次の言葉でしょう。「国内総生産が測るものには、人生に価値を与えるものはまったくない」。

それでも、たいていの経済学の教科書では、決算は全体としてはプラスになると想定されています。このことはもちろん例の〈ホモ・エコノミクス〉とかかわっています。よく知られているように、〈ホモ・エコノミクス〉は自己中心的であるだけでなく、満足することもないからです。つまり、個人の利益は、よりたくさん消費してあまり働かないことで生じるのです。

もう一度話を戻しましょう。人口と物質的な富が少なく自然が多い〈疎《まば》らな世界〉では、より多く生産すれば、それだけ多くの利益がもたらされると頭から想定されていました。この考えのうえに築かれた経済システムの目標は、成長するために生産し、その成長分を投資して、イノベーションでさらに生産することです。より多く生産することは消費者により多くの利益があるということです。経済的進歩思想のこの等式は、人びとの大多数がまだあまり豊かでない、それどころかまったく豊かではないような状態で暮らしていた〈古い現実〉（と、いいたいと思います）では、よく理解できるものです。今日でも、この生産と成長の等式は、十分な栄養、安全な住居、衣服、衛生環境やエネルギー供給の不足する国や人たちには通用するものです。

でも、〈イースタリン・パラドクス〉をおぼえていますか？

この等式はあるとき成り立たなくなります。そうなると、さらにお金やモノを増やしても、この満たされた段階までお金とモノが人間にもたらしていたのと同じ価値をもはやもたなくなるのです。

でも、成長を目的とする経済システムにとって、それはほとんどどうでもいいことです。いつか「十分だ」といえる状態にたどりつくことがあるのだろうか、という問いは、この経済システムのなかでは考えられません。そして今日私たちは、人びとがほんとうに必要とする財とサービスをより適切に供給する、ということが、もはやまったく経済活動の真の目標ではない段階にいます。私たちは手段と目的を取りちがえてしまいました。そして興味深いことに、私たちは、日常では意識していないかもしれませんが、この経済システムのなかでさらなる成長のためにだれがどんな課題を果たさなければならないか、正確に知っています。しかも、だれもがほかの人に、そうふるまうよう期待しているのです。そうしない人には腹をたてます。

ちがいますか?

ちょっと考えてみてください。もしアップルが、古い機種よりもずっと便利かどうかにかかわらず、iPhoneの新機種を定期的に発売しなくなったら株式市場はどんな反応をするでしょう?

また、政府がまさしくそれを理由に突然、携帯電話への課税ルールを変更したら、アップルはどういうでしょうか。それで携帯電話の売り上げが減ったら、投資家は何と叫ぶでしょうか。その流れで、投資家にはやはり配慮が必要だといって雇用が減らされたら、アップルの従業員はどう思うでしょうか。

ちなみにそうなれば、新しい携帯電話の消費に向けられる購買力も減るでしょう。

企業は新しいものを生産しなければならず、消費者は新しいものを消費しなければならず、エンジニアは新しいものをつくりださなければなりません。これは宣伝によって市場に押しつけられます。一方、銀行は信用貸しをし、政治家はいわゆる基本的枠組みをつくらなければなりませんが、これはじつのところ、お金が払われるものの成長を脅かすようなことは何もしない、ということです。なぜなら、雇用や投資や税収を確保できるのは成長だけだと思われているからです。そうです。このシステムのなかではだれもが成長に寄与しなければならず、また、みんなが同じことをする必要があるのです。

こうした理由で、人びとは「今日のニュース」の前に株価のニュースを見るわけです。なぜなら、たとえ自分は株をまったくもっていなくても、成長と自分たちの未来について、何か知っておきたいと考えるからです。成長の曲線が上向きのあいだは、すべてがうまくいくような気がします。実際は、この曲線は私たちの幸福についてほんのわずかのことしか教えず、私たちの将来についてはほとんど何も教えないのに、です。

つまり、イギリスの経済学の父祖たちが生きていた〈古い現実〉では、たえずつくられる新しいものは何からできているのか、問われることはなかったのです。ですから、これもまたはじめは完璧な上昇スパイラルのように思われました。

問題は、そうではなかった、ということだけです。

私たちと自然との関係についての章（第3章）で見たように、人間は経済活動を、循環としてではなく、いまや世界をまたいで敷かれた巨大なベルトコンベアとして組織しています。そこでは、まず原料とエネルギーがのせられ、途中でそれが財に変えられ、最後にお金とゴミになっておろされるのです。

〈古い現実〉では、このようなかたちの経済が「最大多数の最大幸福」をもたらすだろうと予想されました。一八世紀イギリスのもう一人の思想家ジェレミー・ベンサムは、この見通しから功利主義という指導的な思想を編みだしました。功利主義の哲学が提示した倫理的な観点は、手段の選択を結果で評価する、というものです。つまり、ある経済の形態がより多くの人びとをより幸福にするなら、その経済は問題ない、というのです。ベンサム自身にとってはまだ、『道徳および立法の諸原理序説』（一七八九年）にあるように、幸福とは、人間ができるだけポジティブな感覚を抱きネガティブな感覚を抱かないことを意味していました。その後、彼と同時代の経済学者たちは幸福――あるいは功利性、有用性――の計測可能性を、金銭価値を用いてつくりだしました。商品価値や収入が有用性を決めることになったのです。

他方で、どうすれば最大多数が有用性にあずかることができるかについて、アダム・スミスは『諸国民の富』の第一章ですでに説明していました。

「分業によってさまざまな生産部門のすべてで生産量が莫大に増えることが、よく統治された社会で最下層の国民にまで届くほどの普遍的な富をもたらす」(16)。

逆に考えれば、貧しい人がケーキの取り分を増やすには、ケーキを大きくしなくてはならない、ということになります。

「よく統治された社会」というアダム・スミスの言い方は、もともとは国王に向けられたものでした。スミスは、国王は経済にかかわらないようにするべきだし、国王としての特権を贅沢《ぜいたく》に使いすぎている、と考えていました。この考えは、王ではなく、民主主義の統治になってからも、ずっと適用されます。スミスは、民主主義国家には、有力者の権力を制限するという課題があると考えました。今日でもなお、市場こそが価値を生み出すよりよい組織形態だ、という信仰告白がなされています。国家と市場のあいだで正確にどのような役割分担をすべきか、くりかえし激しい論争が交わされています。現在、激しく争われているのは、ブラック・ゼロ政策〔財政均衡を重視する政策〕や国による投資活動や公債の適切な水準について、あるいは中央銀行のお金の使い方についてなどです。

七〇年代以降、私的経済のアクターにできるだけ自由行動を認めようと考える経済学者が影響力をもつようになりました。このような経済学者の考えによれば、国家は経済にかかわらないようにするべきです。市場が資源をもっとも効率的に分配し、もっともうまく需要と供給のバランスをとる、それによって成長も加速し、より多くのものが分配される、と主張されました。それとともに、富裕層に高い税金を課すべきではないという要求が掲げられました。そうすれば、富裕層が投資し、新しい雇用をつくり、より高い賃金を払い、そうして富裕層の利益が社会の下層にまで浸透するとされたのです。

国の規制があまりにも強かったあとで、〈トリクルダウン〉効果をふたたび起こすために、先に書いたアダム・スミスのいう市場のはたらきがもっと必要だといわれました。〈トリクルダウン〉という言い回しは、アメリカのジョン・F・ケネディの演説で使われましたが、ロナルド・レーガンの演説、またイギリスのマーガレット・サッチャーの報告書にも見られます。この言葉は八〇年代以後、世界中のさまざまな国で、最高税率や資産税や相続税の引き下げ、国営企業の民営化の根拠となり、さらには金融市場を規制緩和してコントロールを弱め、それまでにないほどの金融「商品」を生み出すための政治的前提をつくりあげるのに用いられました。

「上げ潮はすべての小舟を持ち上げる（The tide lifts all boats）」〔好景気時にはすべての企業や個人が恩恵を受けるという意味〕という格言は、このような経済政策と結びついたつくり話でした。

およそ五〇年がたった現在、この計算はうまくいかなかったと結論せざるをえません。たしかに、オックスフォード大学の運営するプラットフォーム、「データに見る私たちの世界（Our World in Data）」には印象的なデータがいろいろと示されています。たとえば、貧困状態で暮らす人の割合は一八二〇年には九四パーセントでしたが、今日では一〇パーセントにまで下がっています。こうしたことを理由に、ダヴォスで開催される経済エリートの年次総会では、マイクロソフトの元会長ビル・ゲイツや心理学の教授でベストセラー作家でもあるスティーブン・ピンカーが、みごとに功利主義的な考え方を口にしています。世界中に不平等や富の集中があっても、その背後にある経済モデルが同時に地球上の貧困を効果的に引き下げているのだから、不平をいうべきではない、と。特にスティーブン・ピンカーは、エコロジーの危機を真剣に考えようとしてきませんでした。

でも、データを検視官のようにあつかう人類学者ジェイソン・ヒッケルは、貧困者の数について反対の見方をします。彼の結論は、世界規模の貧困水準を示す信頼できるデータ記録は一九八一年ごろまでなかった、というものです。また彼は、世界銀行が「極端な貧困」はもはや存在しないと述べるのに用いた貧困ラインが、かなり議論の余地のあるものだということも、あきらかにしています。というのも、一日あたり一・九〇ドルという二〇一一年に定められた国際貧困ラインを満たせば、アメリカで健康な食事や住居やヘルスケアを手に入れられるというのは、かなり無理のある想定だと思われるからです。貧困の判定ラインを、尊厳ある生活をおくるために必要だと現代の多くの研究者が考える水準にまで上げると、一日あたり七・四ドルから一五ドルくらいに落ち着きます。それをふまえると、成功の物語は失敗の物語に変わります。つまり、七・四ドルという数値で見ると、二〇一九年では全体で四二億の人びとが貧困ラインより下で生活していることになり、これは一九八一年の数を上回っているのです。(17)

一九八一年から二〇一九年までの同じ期間に、世界全体の国内総生産は二八・四兆ドルから八二・六兆ドルに増えました。でも、増えたお金のうち、世界人口の下位六〇パーセントが受け取ったのはわずか五パーセントだけでした。また一九八一年以後、生活水準がこの貧困ラインを越えるようになった人の数がもっとも多い国がわかりますか?

中国です[18]。

統計からその人数を除くと、市場原理主義の成長モデルが〈トリクルダウン〉を起こしたようにはほとんど見えません。一九八一年よりもはるかに多くの人が貧困ライン以下で生活しているだけでなく、世界人口が増加するなかで、貧しい人の割合が六〇パーセントにまで増えているのです。さらに、工業国では一九八〇年以後、所得と財産の不平等が減少したおよそ一世紀後に、ふたたびそれが拡大しています。

今日では、富裕層や大企業への税率は数十年来低いままで、億万長者の数は急速に増えています。トマ・ピケティも多くの注目を集めた著作『21世紀の資本』で同様のメッセージを送っています。この本をきっかけにして、ロバート・ソローのような市場主義の経済学者は、近年際立ってきた金権政治について発言するようになっています。ヨーロッパではこうした流れは、世界のほかの地域と比べ、それほどあからさまではありませんが、ドイツでも不平等を示すあらゆる指標が上昇しています[19]。

期待とは異なり、富裕層は低い税率で浮いたお金を生産活動に投資せず、インフラストラクチャーや建物のような多くの公共資産の購入にあてました。民営化と呼ばれるものが意味するのは、豊かな国の個人の純資産が最近五〇年間で、国民所得の二〇〇〜三五〇パーセント（一九七〇年）から四〇〇〜七〇〇パーセント（二〇一八年）に増えた一方、国家の実質所得は減ったということです[20]。こうしたかたちの成長で、たしかに全体としての国は豊かになりましたが、政府という意味での国家は貧しくなったのです。資本の生産的な利用が金融資本の非生産的な利用に変わりました。資産の利用料は家賃や賃貸料というかたちで上がりますが、新しい価値は何も生まれません。

余剰資本の使い道として好まれた別の場所は株式市場でした。そこでは雇用をつくって稼ぐより多くのお金を、お金を使って稼ぐことができたのです。最近一〇年間で上位五〇〇のアメリカの大企業は自社株の購入に五兆ドル使い、四五〇の会社がそれに利益の半分以上をつぎこみました。特にトランプ政権の減税は、この投資をあらためて刺激しました。二〇一八年だけで一兆ドルがこの種の投資にまわされました。[21] その効果は、根本的に考えると、数字のトリックにすぎません。つまり、市場に出まわる株の数が減ることで、一株あたりの価格が上がるのです。そうなると、企業に何も変わったことがなくても、以前より成果が上がっていると思いこまされるのです。この業績にもとづいて算出される大企業経営者のボーナスも、もちろん上がります。私たちの〈新たな現実〉には、きれいにホッケースティック状の曲線を描くものがあと二つあり、これはそのほんの一端にすぎません。

他方、貧困層は金融危機の前に、家を購入するために、安価だけれど毒をふくんだクレジットで借金を負いました。不動産バブルがはじけると、彼らは家を失いましたが、国は貸し手を救済するため、税金で穴埋めをしなくてはなりませんでした。こうして、この危険なゲームの利益は私有化されて少数の手元に残り、損失は社会化されて一般市民に押しつけられました。

上げ潮は、小舟よりも〔大きな〕ヨットのほうをずっと早く持ち上げたようです。そして、金融危機に対して中央銀行が低金利資金を大量注入して以後、上位一パーセントの最富裕層の資産と所得はほとんど垂直に上がっています。

万人の消費が永遠に拡大しつづけるという物語は、エコロジーの観点からも社会的な観点からも納得できるものではありません。息をのむような数字の背後でだんだんとできあがったシステムは、私たちの星を破壊し、所有関係をふたたび封建時代のそれに近づけています。しかし、それでも、バランスを崩して崩壊しないよう、さらに成長しつづけなければならないのです。

現在のシステムのほんとうの目的とは、どんな異論ものともせず、売上や利益や所有を、どんなコストを払っても、はてしなく成長させることです。

これは、いくつかの場所で、頻繁に起こっていることです。二〇一九年夏、ニューヨークの国連本部では、すべての子どもに初等教育を提供するために毎年、三九〇億ユーロ不足していることが議論されていました。同じ時間、二五〇メートル先ではJ・P・モルガン銀行が、数か月以内に四〇〇億ユーロを株主に配当すると発表していました。というのも、この銀行は自身の財源で何をすればよいのか、もうほとんどわからなくなっていたからです[22]。私はこのことを決して忘れないでしょう。

つまり、成長が足りないから、多くの貧しい人びとがより幸福になるためのお金がない、ということではないのです。足りないのは、もう一度お金を増やすことと価値の創造を、ふたたび、より明確に結びつけ、不労所得の吸い上げを減らそうという、経済的、政治的な意志です。

どういうことかわかりますか?

成長について、三つの重要な問いを立てるべきだ、ということです。

どうやって財とサービスは生まれるのでしょう?

どうやって財とサービスは買い手のもとに届くのでしょう?

どうやってこのプロセスから利益が生じるのでしょう?

ひとつ確かなのは、このプロセスには多数のアクターが関与していて、それぞれが自分のはたらきに応じて何かを得たいと思っている、ということです。でも、このプロセスに関与している人全員が自分の利益だけを追求し、お金という指標だけで計算すると、何が起こるでしょうか? 経済学者のマリアナ・マッツカートはその著書『価値はどのようにして世界に生じるのか』〔英語原題:The Value of Everything: Making and Taking in the Global Economy〕でこの問いに取り組みました。彼女も経済思想史に分け入り、付加価値と豊かさの発生を思想家がどう説明してきたか、たどりました。

一九世紀まで、つまりアダム・スミスとデイヴィッド・リカードのころまでは、価値創造を確認する客観的な基盤のようなものがつねにありました。それは土地の広さや原料の量であり、また必要な道具や技術的な設備であり、時間的なコストや労働の質などでした。価値とは、これらの資源をそのつど生産的に組み合わせた結果、生まれるものでした。モノやサービスに対してつけられた価格を払おうとする人や払える人がだれもいないときでさえ、それでモノやサービスの価値が減ることはありませんでした。なぜなら、価格とは交換の結果で、それは各種の利害や権力関係、政治的な枠組みに組みこまれていたからです。でも、モノやサービスの価値は、実際には価格ゼロのときでも、人びとの生活にとってはかり知れないものです。アダム・スミスはこのことを水とダイヤモンドの例で示しました。

こうした生産的な活動とならんで非生産的な活動もすでにありました。それは、たとえば商業やお金の配分のような、すでにあるものをあちこちに動かす活動です。こうした活動の料金は定まっていましたが、生産的な価値創造だと思われてはいませんでした。ちなみに、金融業者の努力に反して、スミスはそうした活動の報酬はむしろ低く抑えられるべきだと考えていました[23]。

この価値と価格の区別は、功利主義と数学化された経済学ではなくなってしまいました。効用を最大化する〈ホモ・エコノミクス〉は、あるものに対して自分に付加価値をもたらす分だけのお金しか払いません。つまり、モノの価値は市場での価格で決まり、その中身や質はもはやまったく関係ありません。価格こそ価値なのです。(買い手の)主観的な選好が客観的な資源を打ち負かし、交換価値は利用価値から切り離されます。

こうして、価値創造は完全なる取り決めによって可能になりました。また、マッカートによれば、これは多くの隠れた不労所得の発生を助長しています。ものをあちこちに動かすプロセスで、過剰な手数料がとられるためです。こうなると功利主義がどうなるかわかりますか? そうです。ある社会で最大多数の幸福のために価値創造を組織することは、とてもコストのかかる可能性が生まれたのです。

マッツカートはこのことを、製薬産業を例に明らかにしています。新しい抗癌剤のために一万五〇〇〇ユーロ払ってもよいという人がいるのだから、この薬は一万五〇〇〇ユーロの「価値がある」のであり、健康保険にこの価格の支払いを求めるのは正当である、というわけです。もしかするとこの薬は、前から市場に出まわっているものとほとんど変わらないかもしれませんが、それはまったく問題にはなりません。人は生きのびるためなら当然いくらでもお金を払おうとする、ということも問題になりません。つまり、この価格が反映しているのは、付加価値の創造ではなく、むしろ権力関係のなかで占める立場が生む利益なのです。

企業合併後にはね上がる薬の価格をちょっと調べてみてください。一部の新しい所有者が引き継いだ商品の価値を、前の所有者と比べてどう値づけするのかを見ると、とても驚くことでしょう。

しかし、企業の成長指標にとっても国内総生産にとっても、新しい「価値」がまったく生み出されなかった、ということはちっとも問題ではありません。逆に、総額が上がることで成功、進歩したように見えるのです。ですから、交換価値経済という世界像のなかでは、このような行動様式に反対するのはとても難しいのです。

このような主観的な価値論では、高所得者は自分が成功者だと感じるだけでなく、まさしく自分は社会的な高い付加価値を生み出したのだとも主張します。でも、理論的に考えれば、これは循環論法と呼ばれるものです。価値のあるものが生産されたということで、利益が正当化されます。では、価値を測る基準が何かといえば、利益なのです。

これで循環がピタリと閉じます。

この循環のなかには、公正な分配、できるだけ経済的な価値創造、価値創造で社会的に望ましい成果をあげるといった問いは、もはやふくまれません。

マッツカートは、『マネージャー・マガジン』の表現を借りれば、「ビジネスエリートから自慢を吹聴する資格を」剝奪したことで有名になりましたが、これに私は驚きません。[24] たとえばJ・P・モルガンのようなケースがあります。たとえアルゴリズムが組まれたコンピュータ・プログラムによる高速の投機的な取引で四〇〇億ユーロ稼いで、世界経済を揺るがしたとしても、金銭価値が価値創造を示す以上、金銭価値を生み出す人はみごとに生産的なかたちで稼いだ、ということになるのです。債務証書や株式ファンドがよく金融「商品」とも呼ばれるのに不思議はありません。金融セクターの活動が国内総生産の計算に入れられるようになったのは七〇年代からで、それと並行して、このセクターのコントロールを弱める規制緩和策が導入されました。国内総生産の上昇は印象的です。実体経済を犠牲にして資源を非生産的に利用することから、やがて、稼ぎのよい新たなビジネスモデルができあがったのです。これがどのように機能するか、もう一度はっきりさせましょう。このモデルは期待利回りによって、どのような生産過程や報酬規程、技術が実体経済に浸透するかという点に影響を与えます。

価格と価値の関連については、いまよりもはるかに透明性と説明が必要だと思います。

たとえばマッカートのメッセージは、もっと議論されるべきでしょう。不労所得による価値の吸い上げを意識的に防止し、より客観的な価値観にしたがってバランスシートを浄化すれば、いまよりもはるかに持続可能なかたちの経済が可能になる、と彼女は主張します。

すでに遅れをとってはいますが、価値を見失ったこの成長モデルがますますグローバルな規模の危機の兆候をもたらしているのですから、進歩や好ましい経済の議論、探求は、やはりもっと周到であるべきでしょう。そうして、私たちの概念や価値観について、また、どのような変革が可能で望ましいかという評価について、別のかたちの思考を始めることができれば、と思います。

商品からプロセスへ。

ベルトコンベアから循環へ。

個々の部分からシステムへ。

抽出から再生へ。

競争から協働へ。

アンバランスからバランスへ。

お金から価値へ。

私たちは、言語や概念を使って達成したいことや注目していることを表現します。だから、あるコンセプトやある理論を発展させることは、思考の限界をあきらかにすることでもあります。それはまた、未来をかたちづくるために何がどこまでできるかをあきらかにすることでもあるのです。なぜなら、私たちは毎日、未来をかたちづくっているからです。イノベーションや技術によって、行為や決定によって、私たち自身が定めた共同生活のルールによって。決定的に重要なのは、これらをどのような目的に向けるかということです。

限界のある世界で、限りある資源を使い、つねに成長することをめざす経済のあり方は、持続可能ではありません。大事なのは、何が明後日の人びとの豊かさとなるのか、あらためて話しあうことです。そのためには、私たちが将来、その重要性に気づくことを表現する新しい概念や考え方が必要です。この星の破壊を、もう成長と呼んではいけません。ただお金を増やすことは、価値の創造ではありません。成長に限界を設けることは、環境や社会に損害が生まれるのをくい止めるということではないでしょうか。

第6章／技術の進歩

産業革命と科学革命が結びついたことによる影響は、二重の意味で破壊的だった。それは、社会の構造と、人間が世界を説明する仕方、この二つを変えてしまったのである。

起業家・著述家　ジェレミー・レント

世界の電化は電球によって始まりました。電気の明かりは、ホテルやオフィス、劇場だけにあったまさに贅沢品《ぜいたくひん》でした。それが一九世紀の終わりになると、しだいに裕福な人びとの住まいにも、電気の明かりが灯されるようになりました。電球というはじめての電化製品ができたことで、個人の家庭が電力供給網につながれたのです。最初期の電球はエネルギー効率が悪く、エネルギーの大半を光ではなく熱に変換していました。ですが、ガス灯やろうそくと比べて、より人工的な照明である電球は、日の光によらずに生活を営むという点で、大きな進歩をもたらしたのです。

それから数十年後、技術者たちは、白熱電球の光を生み出していた竹炭《ちくたん》のフィラメントを、重金属であるタングステンに転換することに成功しました。このタングステン製のフィラメントは簡単には焼き切れず、さらにこれまで以上に明るく輝きました。早くもさらなる進歩が生じたのです。今回の進歩はエネルギー効率に関するものでした。タングステン製フィラメントの電灯は、竹炭製フィラメントの電灯の四分の一の消費電流で、同じくらいの明るさの光を得ることができました。ただし、それは当時の発電所にとっては、恐ろしいニュースだと考えられました。

二〇世紀初頭、新しい電球がイギリスの市場にあらわれたとき、イギリスの電力供給業者は、自分たちの商売がつぶれるのではないかと恐れました。これは当時、もっともなことでした。人びとがより少ない電流で同じくらい明るい光を使うようになったら、電力消費量はおそらく減るはずですから、損失を抑えるために電気料金の値上げを検討する電力供給者もいました。

興味深いことに、起こったのは正反対のことでした。

電力消費量が減ったことで、より多くの電流が市場に供給され、電気料金は下がり、電気による明かりは、一気にこれまで手が届かなかった人びとにも調達できるものになりました。贅沢品が量産品になったのです。これも、もちろんひとつの進歩です。しかし、逆説的なことに、そもそも従来のものに比べて少ないエネルギーで済むこの電球のために、よりにもよって、全体としての電力需要が急上昇したのです。エネルギー効率の向上とは、少ないエネルギーからより多くの出力を取り出すことですが、全体としては、エネルギー消費量の上昇という結果をもたらしたのです。

学問的にはこれは「リバウンド効果」と呼ばれます。

リバウンド効果は、持続可能な経済のあり方に向かう途上にある障害のひとつですが、多くの場合、過小評価されています。

いま「進歩とはどういうものだと思いますか」と聞いたら、多くの人の頭に思い浮かぶのはまず技術の進歩で、おそらくそれだけでしょう。これにはなんの不思議もありません。人を殺すことは今日では通常、人びとの対立が生じたときに選べる手段ではなく、法律で罰せられるものです。女性が魔女だといって薪《まき》で火あぶりにされることはもうありませんし、多くの国で選挙権や被選挙権が認められ、少なくとも公式には、男性と同じくらい公正な生活をおくることができます。科学は認識方法として認められ、政治も科学の認識にもとづいて決定されるのが当然のことになっています。このように社会の進歩というものも存在します。でも、それはあまりはっきりとはわかりません。社会の進歩の場合、いったい何がよい変化で、何があまりよくない変化だといえるか、技術の進歩の場合よりも大きく意見が分かれます。この評価は、評価する人自身のアイデンティティに直接かかわり、評価する人が社会のなかで占めるポジションにも大きく左右されます。それにもかかわらず、望ましい共同生活についてのさまざまな基本的な考え方はあきらかになってきており、国連人権憲章やグローバルな持続可能性目標――いわゆる持続可能な開発目標（Sustainable Development Goals, ＳＤＧｓ）――といった文書に表現されています。もちろんときには後退もあり、そしてまさしく今日、いったいいま何をすべきなのか、多くの社会でとても激しい争いのあることも知られています。

それに対し技術の進歩は、手斧《おの》からスマートフォンにいたる一直線の人類の成功の物語りとして語られます。人間がその途上で発見、発展させたものはつねに人間の可能性を広げてきたのであり、これは人間が正しいやり方を選んできたことを証明している、というわけです。

「新たな現実」の章〔第2章〕で書いたことを、みなさんまだ覚えていますか？〈疎《まば》らな世界〉、つまり少ない人間がこの地球という星をおおいに利用することができた時代の条件下では、技術の進歩とはとりわけ、化石燃料で動く機械によって物理的な力を何倍にも大きくすることができる、という経験を指すものでした。それはつまり、より短い時間でより品質の高い財をより多く生産できる、ということです。動力システムは工場の動力、大量生産の動力になり、したがって成長マシンの原動力となったのです。

発展についての近代の考え方は、まさしくこのような進歩の機械論的、技術的理解を特徴としています。つまり、古いものと区別された新しいもの――ラテン語でいうモデルヌス（*modernus*）――に力点がおかれているのです。さらに、発展は拡大へと向かっていきました。現在もそうです。このとき、「新しい」とは、「より多くの」ということを意味します。より強力に、より大きく、より生産的に、という意味です。

ところが、〈密な世界〉という条件下では、化石燃料に依存した経済活動は人類の生活基盤を脅《おびや》かすようになりました。そのため技術の進歩にさらなる課題が与えられます。つまり徹底化です。この新たな「新しい」は「より少ないものからより多くの」ということを意味します。それは、経済成長を確保し、継続しながら、しかも環境を破壊しないようにするものです。エネルギー効率の向上が明確な目標になりました。しかも、エネルギー効率が向上したかどうかは、金銭だけでなく、成長に要する二酸化炭素排出量原単位やエネルギー消費量原単位〔ある一定量の生産物をつくるために必要とされる二酸化炭素排出やエネルギーの数量〕で測られます。これは、ロバート・ソローのいう資本代替性という考え方よりもさらに一歩前進しています。

グローバルな環境問題――気候変動から生物種の絶滅、果ては、ありとあらゆる自然の生態系からの多面的な搾取にいたる――の解決のためには、国家による禁止や規制よりイノベーションや技術的なブレイクスルーにかけるべきだ、こうだれかがいう場合、その人が基本的に考えているのは、まさにこのエネルギー効率の向上です。

技術の進歩は、物質的な成長を生み出すために自然の搾取を助長してきました。いま技術の進歩は、自然からの搾取《さくしゅ》をゆるめながら、国内総生産をさらに成長させることの助けになるといわれます。つまり福利の向上を放棄しないでこの星を救うことです。犠牲を払うことなく持続可能であることです。それどころか逆に得になります。というのも、物価は以前から生態学的な正しさを反映していませんが、資源の利用をより少なく保つことは財政的に有益だからです。これがいわゆる、経済成長と環境負荷の基本的なデカップリング〔切り離し〕という考え方です。長らく、多くの人がこの考え方に熱狂していました。なぜなら、人びとがそれと気づくことなく、エネルギー効率上の変革を達成できるように思われたからです。

これまでと同じことをつづける——ただし、まさしく効率的に。

こんなこと、うまくいくのでしょうか？

技術の進歩だけでは十分ではないという最初の指摘は、すでに一五〇年前にありました。それはイギリスの経済学者ウィリアム・スタンレー・ジェヴォンズによるものです。ジェヴォンズは、一九世紀初頭、イギリスでの石炭の使用量が急増したことをつきとめました。ジェイムズ・ワットが蒸気機関を改良した結果、以前の三分の二の石炭しか必要としなくなったにもかかわらず、石炭使用量は増えたのです。これは、のちに電球で起こったことと同じでした。新しい技術は資源を節約しましたが、そのためにより広く普及し、全体として見ればこれまで以上に使用量が増えるという結果をもたらしたのです。こうして増えた使用量が、新しい技術による節約分を相殺し、さらにはそれを上回ったのです。

「燃料の効率的使用を消費量の減少と同じことだと考えるとまったく頭が混乱する。実際には、まったく逆なのである」[25]。このようにジェヴォンズはまとめています。これはのちに「ジェヴォンズのパラドクス」と呼ばれるようになりますが、さらに時代がくだると、先に述べたリバウンド効果として私たちの身にふりかかってきました。

当時、産業化と息をのむほどの経済発展を、ほとんどすべて自国の石炭によってすすめていたイギリスには、この認識はたいへん重要でした。機械のエネルギー効率が向上してもあきらかに自国の貯蔵原料の枯渇を遅らせることができなかった、ということだけではありません。値段が手ごろになり、その結果、エネルギーを必要とする製品の普及がすすむ、この成長スパイラルのなかで、エネルギー効率の向上した機械は原料の枯渇をも加速させたのです。この機械はエネルギー危機を遠ざけず、かえって引き寄せてしまったのです。

では、どうすればいいのでしょう？

全人類は、自分たちが〈新たな現実〉に生きていること、〈疎《まば》らな世界〉ではなく〈密な世界〉で経済活動を営んでいることに気づきました。しかしすでに、一〇〇年前、イギリス人は自国の石炭について国家レベルで同じ問題に直面していたのです。

イギリス人がどう解決したか、知りたいですか？

答えは、なんの解決もしなかった、です。――別のあるもののせいで、イギリス人はこの問題を深く考えませんでした。

それは、何だったでしょうか？

石油です。

植民地の埋蔵資源の採掘がまだ本格的に展開される前、問題が起こってほんの何十年かのちに、アメリカで、新しいエネルギーの担い手として石油が発見されたからです。そこから、エネルギーを際限なく利用できると思われた時代が始まりました。それとともに、リバウンド効果は忘れ去られました。新たにくわわった石油というエネルギーは、かぎりない経済成長をイメージさせる燃料となりました。さらに、このかぎりない経済成長は、すべての人の福利をつねに向上させる駆動輪だと思われました。大半の西欧社会にとって、遅くとも第二次世界大戦後まで、それは世間一般の期待であったばかりでなく、通常は実際にそうだったのです。また、大半の非西欧社会にとっては、熱心に見習うあこがれのモデルでした。この点については、民主主義であろうが独裁政治であろうが、基本的にちがいはありませんでした。

そんな状況でしたから、一〇〇年ものあいだ、リバウンド効果にだれも関心をもたなかったのも無理はありません。ここ数年のあいだに事態は劇的に変わりましたが、それでもリバウンド効果への関心は高まっていません。というのも、経済成長と環境負荷の基本的なデカップリングという夢のほころびが、目に見えないからです。

自動車を例にとってみましょう。

ごくふつうのフォルクスワーゲン・タイプ1は、一九五〇年代、一〇〇キロメートル走行するのに七・五リットルのガソリンを消費していました。九〇年代末、フォルクスワーゲン・ニュービートルとして再発売されたとき、ガソリン消費量は以前とほとんど同じでした。この二つのモデルのあいだには、四〇年にわたる技術の発展、エンジニアリング研究、エネルギー効率の追求がありました。

こういった技術の進歩は、いったいどこに行ってしまったのでしょう?

それはもちろん、自動車のなかに、です。ニュービートルはタイプ1のように三〇馬力などではなく、搭載エンジンによって九〇ないし一一五馬力、最高速度は時速一一〇キロメートルではなく一六〇キロメートルになりました。エネルギー消費が減った分は、性能の向上に使われたのです。エネルギーは節約されませんでした。原材料についても同様で、逆に、ニュービートルの重量はタイプ1の七三九キログラムから一二〇〇キログラムになりました[26]。

自動車は、リバウンド効果の多様な影響を示す好例です。自動車は、どこかの部分でどんなに効率が向上しても、少なくともその一部がやはり相殺されてしまう生産物のひとつなのです。

この相殺は、車の利用それ自体から起きることがあります。たとえば、燃費のよい自動車を買うと、以前よりも頻繁に自動車を使って遠出をしたり、町の中心部の店に歩いて行かずに、郊外のショッピングセンターに行ったりします。別の町で条件のいい仕事に就いて、車で通勤するかもしれません。また、相殺が間接的に起きることもあります。燃費のよい車で節約したお金で、これまで買えなかったもの——新しい携帯電話、飛行機での週末旅行、パートナーのための二台めの燃費のよい自動車——を買ったりするのです。

同じことは生産者のレベルでも起こります。生産者は、たとえば製造時に節約したエネルギーを増産に投入し、より多くの自動車を市場に送ることができるでしょう――ニュービートルのような、より性能の高い車種を発売したり、SUV〔スポーツ・ユーティリティ・ビークルの略で荷物などを入れる空間をもつ自動車〕のようなまったく新しいモデルを開発することもできるでしょう。そうすると、より小型の自動車をもっている人は、安全性に不安を感じたり、SUVをもっている人のステータスや広い車内空間がうらやましくなったりします。プライベートな車内空間が広いということは、当然、歩行者や自転車、あるいはいつかほかの用途のために利用しなくてはならない土地などの外部のスペースが狭くなることを意味します。

電気自動車は、気候に有害な二酸化炭素の排出量が少なく、環境にやさしいオルタナティブだとみなされています。しかし、この電気自動車でさえ、たとえ充電に用いられるのが再生可能エネルギーによる電力だとしても、リバウンドが生じます。第一の理由は、電気自動車に搭載するバッテリーの生産には当然エネルギーが必要で、さらに、環境に有害な条件下で採掘されることの多いレアアースも必要だからです。第二に、充電設備の建設にもエネルギーと材料が必要になります。

アウディe-tronは電気自動車のSUVですが、車両重量が二・五トン以上あり、この巨大な車体を動かすには、バッテリーの重さは七〇〇キロもなければなりません。これが示しているのは、技術はものごとをより早く、より効率的にするかもしれないけれど、相変わらず地球環境をよくはしていない、ということです。大きな電気自動車用の一〇〇キロワットの充電式電池を生産するだけでも、一五トンから二〇トンの二酸化炭素が排出されます。これは、燃費のよいガソリン車やディーゼル車が二〇万キロメートル走るのに消費するエネルギー量に相当します。[27] 個々の製品しか、あるいは製品の一側面しか見ていないと、私たちの行動の枠組み全体を見誤ることになります。この枠組みには、個々の技術が発明されて組み込まれている、より大きな構造はどうしたら変わるのか、と考慮することもふくまれています。ですから学問において思考することは、体系的に思考するということなのです。「自然と生命」の章〔第3章〕を読んだみなさんはすでにご存じでしょう。ひとつの要素が変わると、その要素が組み込まれているプロセスのダイナミズムも変わります。すると、その要素と関係した他の要素の状態も疑問に付されるようになるのです。

社会技術的・社会生態学的システムの転換の研究が重要なのはそのためです。新しい技術は、環境や社会を以前のままにはしておきません。体系的に見れば、さまざまなものが変化しています。知識の量やコミュニケーション形態、さまざまな関係や行動様式、労働のあり方や日常世界の構造、さらには利害、権力、能力、インフラストラクチャーや風景にいたるまでが、変わっているのです。逆に、こうした体系的な構造が、次代のものとして有意義で興味深く望ましい技術はどれか、普及する見込みのある技術はどれか、という点に影響します。

なぜ、こうしたことが重要なのでしょうか。

私たちが生きる産業社会は、過去三〇年間に巨大な効率化の進歩を果たしました。一単位の国内総生産を上げるために、今日のドイツ経済はかつてよりも少ないエネルギーと二酸化炭素と原料、つまりより少ない自然しか必要としません。しかし、すでに述べたように、残念なことですが、私たちに割り当てられた自然の公正な取り分から、私たちはますます遠く離れています。オーバーシュート・デーのことを覚えているでしょうか？　私たちの資源消費量が地球の再生できる量を超える日は、一年ごとに二、三週間ずつ早まっています。もう一度確認しておきましょう――二〇一九年、ドイツでこのオーバーシュート・デーはすでに五月に来ていました。

それなのに、みなさんも漠然と感じているように、イノベーションと進歩によるさらなる成長という目標に疑問が発せられることはありません。逆に、利回り、利益、売れ行き、経済成長が、イノベーションの成否の中心的指標とされています。

しかし、世界経済がつねにさらなる成長を遂げるべきだとされるかぎり、結局のところ、この地球という星の限界のなかでよく生きる、そしてそのための解決策を考え出すという目標は追求されません。この目標こそが、生態系の体系的な効率性のために必要なことなのですが。経済学に見られる効率性のイメージは、ざっくりというと、つねにひとつのものの代金で二つのものを手に入れる、ということです。

そして、ここまで見てきたように、イメージには現実にはっきりとした影響を与える性質があります。ひとつのものの代金で二つのものをというイメージは、経済成長と資源利用の絶対的デカップリングという夢――資源消費量の増加をほんとうに止めるという夢――をまだ芽のうちに摘み取る、きわめて現実的な手段なのです[28]。私たちは効率的にふるまうことで、二酸化炭素と資源の消費曲線をいっそう上に押し上げることになります。

しかも、こうしたことは生活のじつに多くの領域で起こっています。

たとえば、私たちが現在使っている暖房機器は以前より経済的で、建物も断熱処理がされています。しかし、一人あたりに必要な空間が増加しつづけているため――つまり個人が自分用にもっと広い場所を求めるため――エネルギー消費は減少しないのです。

同じことが電化製品にもあてはまります。私たちがいま使っている電化製品は、どれも以前のものに比べて少ない電力しか消費しません。その分いま、私たちは多くの電化製品を所有しています。そのかわり、最近の電化製品は以前のものと比べ、長持ちしないこともよくあります。

昨日までは贅沢品《ぜいたくひん》だったものが、今日ではふつうのものとみなされ、いわゆる安定供給されるべきものとされます。すると、それはいつでもどこでも確保されるべきものとなり、よい生活のアップデートされた基準となるのです。

蛇口をひねると流れるお湯。

一家に一台の自動車。

どんな住居や家庭にもある洗濯機。

部屋ごとに置かれたディスプレー。

さらに一人一台の自動車。

冬でも食べられる新鮮ないちご。

一口サイズに切り分けられた輸入品のマンゴー。

隔週週末の飛行機での旅行。

拡大に対して一時停止の標識を掲げて立ち向かうことを人類がいかに苦手としているか、それを示すとても印象的な例のひとつが、いわゆるジオエンジニアリング〔地球工学〕です。

ジオエンジニアリングと呼ばれているのは、気候変動の進行を人工的に遅らせるとされる方法です。二酸化炭素を吸収するために、大規模な植林や湿地の再生がよく議論されます。しかし、そういう対策が一定の効果をもつために必要な土地は、宅地やインフラストラクチャーの拡張、そして農業と競合するため、その技術的な解決について提案がくりかえされるのです。その結果、宇宙に巨大な鏡を広げて地球の日よけにするとか、飛行機で何トンもの硫黄を大気圏内に撒《ま》き、火山が噴火したときのような状態をつくって太陽光を反射する、といったことがまじめに考えられています。なかには、肥料をまいて海藻の大量発生を起こそうだとか、岩石の風化でも二酸化炭素が吸収されるので山を切り崩し粉にしてまき散らそうだとか、そんなことまで検討する研究者さえいます。

まるでジェームズ・ボンド〔映画『007』シリーズの主人公、英国諜報部員〕の映画みたいだと思いませんか？

ここで、次のことを知っておく必要があります。二度以上の気温上昇はまだ阻止できるというときに用いられる気候モデルの大半は、人類が近いうちにジオエンジニアリングを導入することをしっかり計算に入れています。そうしないと、モデルはぜんぜんうまくいかないのです。

ただ、ばかげているのは、目下のところ、こうした技術はまったく利用できない、ということです。まだ検証されていないか、危険だとみなされているか、小規模でうまくいっているだけか（それは大規模に導入しても問題ない、ということではありません）のいずれかです。にもかかわらず、これらの技術が達成すると見込まれているものは、「二酸化炭素除去（負の排出）」としてすでに予測に入れられているのです。

それと並行して、技術がきっと解決してくれるだろうという見込みで、この間、北極の氷が解けて採掘可能となるであろう原料と石油をめぐる地政学的な争いがもう始まっています。しかし問題は、地球にあとどれくらいの石炭、石油、ガスが埋蔵されているのか、ということではありません。私たちが対処しなければならないのは、二酸化炭素が大気に放出されると、人間にとって快適な気候的条件が失われてしまうという問題です。そして、私たちが望むほど迅速には、再生可能エネルギーを拡大することはできません。今日、再生可能エネルギーは（市場価格の観点からいって）石炭よりも優位であるケースが多くなっています。これはすばらしいニュースです。エネルギー生産に対する長期的な投資判断に大きな影響を与えるでしょう。それにもかかわらず、巨大石油会社のサウジ・アラムコは、二〇一九年に自社の株式を公開してまもなく、世界でもっとも資金力のある企業になりました。エネルギーへの渇望があまりに強いため、再生可能エネルギーは従来のエネルギーを押しのけるのではなく、従来のエネルギーを補完するだけになっています。それはちょうど、一〇〇年前に石油が石炭を押しのけず、補完しただけだったのと同じです。

言い方を変えましょう。技術の進歩をこれまでどおり導入しつづけても、短期的な経済成長と消費のさらなる拡大以外の明確な機能を与えなければ、私たちは、問題の解決をそのまま容赦なく未来に先延ばしするだけなのです。

正直にいいましょう。〔電気自動車企業テスラのCEOでエンジニアの〕イーロン・マスクが「まず貫入不可能なエクソスケルトン〔外骨格〕」と「ウルトラハード30Xコールドロールステンレススチール構造のスキン、テスラアーマーガラス」を装備したサイバートラックを次世代スポーツカーとしてお披露目したとき、私は開いた口がふさがらず、あごが落ちるんじゃないかと思いました。狂気じみた素早い加速と一・七トンの積載能力が自慢されていますが、〔テスラが製造している電気自動車の〕モデルS自体が二・一トンもあります。カーレースやモトクロス以外の場面で、いったいいつ、どこでこんな性能を使うのでしょう？　でも、イーロン・マスクによれば、この自動車はアメリカでもう二五万台の予約がはいったそうです(29)。

ほとんど使いどころのない機能性のほかに、このトラックはいったいどんな機能を果たすのでしょうか？

これまで見てきたように、そう問われることは驚くほどまれです。社会学者のフィリップ・シュタープはその著書『虚偽の約束――デジタル資本主義における成長』でこの問題を明確に追求しましたが、そこでも示されているのは、また別のかたちのデカップリング、つまり技術の進歩と社会の進歩のデカップリングです。ここで私たちはまた、売り上げを伸ばして成長することが優先的な目的で、イノベーションはその手段として役に立つ、という考えに行き着きます。「物質的に過剰な社会のなかでものを購入するさい、製品の使用価値だけが重視されることはまれだ。たいていの場合、弁別力、つまり稀少で社会的に特別な意味をふくむ製品を所有することで、自己を他者から象徴的に際立たせられることも重視される。経済的観点からすると、このことには、消費欲求が傾向として尽きることがなく、使用価値に依存しないという利点がある(30)」。

人間には卓越した問題解決能力があります。しかし、問題をうまく立てないと、たとえ進歩があったとしても当の問題を素通りしてしまうのです。少なくともいま現在、サイバートラックの例に私はどこか違和感をおぼえます。そして、ドイツではこの自動車を認可できないと技術監査協会が考えていると知って、ほっとしているところです。というのは、〔シュタープのいう〕象徴的という観点からは、この自動車は映画『マッド・マックス』からそのまま出てきたように見えるからです――だれが、何が邪魔しようと関係ない、そんなもの、オレは明日からゴキゲンな装甲車に乗って太陽のスピードで越えていく、といった感じです。

それなら私には、マインドフルネス、ヨガ、散歩、森林浴、デジタルデトックス、自己実現、余裕のある時間の過ごし方といったトレンドのほうが好ましく思われます。しかし、こうしたトレンドさえ、すでに、技術の進歩によって豊かになった社会の自然な発展であるといわれてきたことを知っていますか？

だれがいったか、思いつくでしょうか？

経済学者たちです。

九〇年前、歴史上もっとも重要な経済学者の一人であるジョン・メイナード・ケインズは、「孫たちの世代の経済的可能性」と題する論文を書きました。その論文では、自分たちの抱える経済的問題を解決してしまったら——すなわち、物質的欲求を満たし必要なものをもつようになったら——人類はどうなるだろうか、ということを考察しています。生産性がますます向上していくのを目の当たりにしたケインズは、その時点が二〇三〇年には来るだろうと推測しました。そのとき私たちは、週にわずか一五時間だけ働けば供給が確保されるようになる、そうなれば成長はちょうどよい水準にしだいに落ち着き、経済はこの水準でまわりつづけることができる、と彼は考えました。

そこで、ジョン・メイナード・ケインズは次のように問うたのです——余暇となった時間すべてを使って私たちは何をするだろう？

そうですね、そんな時間があったら何をしましょうか？
想像してみてください。
もちろん、人生を楽しむでしょう。
ケインズもそう思いました。余暇ができれば、私たちは自分の健康を気にかけ、人間としての可能性を十分に発揮し、友人や家族といっしょの時間を過ごし、教養をつんで芸術と文化に没頭する――これがケインズの考えでした。

驚くべきことに、シリコンバレーもまた、人間の可能性について考えています。ただし残念なことに、その結論はケインズの望んだものではありませんでした。

理由は以下のとおりです。インターネットは、すばらしい新たなかたちのコミュニケーション、人のつながり、知識と情報の交換として始まりました。しかし、インターネットはいつのまにか、経済学者で建築家のゲオルク・フランクがすでに前世紀の終わりに「アテンション・エコノミー（関心経済）」と呼んだものの権化《ごんげ》になってしまっています。「他人の関心はあらゆる麻薬のなかでも、もっとも抗しがたい魅力をもつ麻薬である」(31)とフランクは断言し、関心というものをある種の稀少な通貨だと述べています。

デジタルサービス業の開発者たちも、この診断に強い興味をよせました。彼らは、デジタルサービスによる製品のすべての供給と標準仕様を構想するにあたり、次のような目標を定めました。それは、人びとができるだけ多くの時間を提供された商品で過ごす、というものです。アクセス数やクリック数や「いいね」の数は、提供されたデジタルサービス製品が、この目標をどれくらい達成しているかを示しています。しかし、周知のように、「無料の」サービスの裏には、個人情報や広告収入をあつかう高額な利益を得るビジネスも隠れています。個人ごとにカスタマイズされた製品は、どんな気分にも合うように調整され、迅速かつ快適に購入可能で、商品購入の決断の最後のしきいは低くなります。はじめはデジタル貨幣だったものが、マウスをクリックするだけで、実際の通貨に交換されます。データを生み出すのはユーザーだけですが、それによって報酬を得るのは大企業です。

このようなかたちの技術の進歩の結果、今日、人間の注目、学習行動、社会関係、対話の文化などの変化について議論されています。これはシリコンバレーからドロップアウトした幾人かの見解です。私たちが気にかけているのは、職場のことだけではありません。民主主義や社会的合意や人心の操作について深く考えているのです。

グーグルの元デザイン倫理担当者トリスタン・ハリスは、「有意義な時間（Time Well Spent）」というイニシアティブや「人間の技術センター（Center for Humane Technology）」の創始者で、デジタルテクノロジーの進化がもたらした影の側面をあらわす包括的な概念を探してきました。「生態系の破綻」に相当するような基本概念を求めたのです。そうすれば、気候変動、水不足、砂漠化といったさまざまな個別の現象をひとつのひな型にまとめられます。

ハリスはこのひな型を「人間のダウングレード（human downgrading）」と名づけ、現在トークショーやインタビューで話しています。このダウングレードは、注意力、適切な行動を選ぶ感覚、民主主義の合意プロセス、さまざまな社会関係、はてはソーシャルメディア中毒にまでおよんでいます[32]。

ハリスのいう「人間のダウングレード」があきらかにしているのは、特に次の一点です。それは、自己目的のための技術の進歩、あるいは経済的な利益を最大化するための技術の進歩の作用が、技術の埋めこまれているシステムに配慮することはまずない、ということです。

この主張はイノベーションを敵視するものでしょうか？

経験的に考えれば、まったくそうではありません。というのは、人間と自然の過剰な搾取には限界があり、その点が、まさしく〈新たな現実〉で必要とされるイノベーションの課題を推しすすめるからです。制限のある条件のもとでこそ、人間はもっとも創造的になります。そうした条件でこそ、いまある資源とどうつきあえばよいか、というアイディアがつぎつぎと湧いてくるのです。それは、進化は制限のある生態系で起こる、というダーウィンの考察とまったく同じ意味です。

ですから、これはいいニュースです。つまり、技術の進歩は悪でも善でもありません。技術の進歩は、自然を忘れベルトコンベアのようにすすむ私たちの経済活動を、循環型の経済活動に転換するのにたいへん重要な役割を果たす可能性があり、実際、そうなることでしょう。包括的な再生可能エネルギー供給と持続可能な移動システムに取り組むためにも、技術は必要です。でもそのためには、私たちは進歩の理想を一貫してこの目標に向け、お金をもうけることを第一に考えてはいけません。さもなければ、手段と目的はまた嬉々《きき》として逆転するでしょう。そうなれば、私たちはスピードメーターを見つめてかたまり、いったいどこに行くべきなのか、燃料計が何を示しているのか、ということを見事に忘れてしまいます。

技術の進歩は人間の発展のもっとも明白なしるしとされています。しかし、技術は環境と社会のなかに埋めこまれていることもあわせて考えないと、技術が私たちをどこに駆り立てているのかという視点が失われてしまいます。〈新たな現実〉のなかでともによく生きるためには、私たちは進歩のイメージも変えなければなりません。さもなければ、問題をただ未来に先延ばしにするだけです。

第7章／消費

もってもいないお金を使い、いらないものを買って、自分の嫌いな人を、あっと言わせようとしている人が多すぎる。

ユーモア作家　ロバート・クィレン

昨年、もっともヒットした実用書のひとつに、『マジック・クリーニング』〔原著名『人生がときめく片づけの魔法』〕と題された本がありました。この片づけメソッド本の著者は、日本人女性、近藤麻理恵で、本国では長くベストセラーに名をつらねていました。彼女の片づけシリーズは四〇か国語に翻訳され、世界中で七〇〇万冊以上もの売り上げを記録しましたが、とりわけめだつのが、欧米先進国での売り上げです。正しい片づけの手ほどきを受けたいと思っているのは、そうした国の人びとのようです。すぐにわかることですが、片づけに困るのは、そもそも買いものをし過ぎているからです。近藤の提唱するメソッドの根っこには、モノをもちすぎているとほんとうの整理整頓はできない、という、たいへんシンプルな認識があります。日本は家賃がとても高い国なので、ものを置くスペースは広げられません。ですから、こうした発想もおのずと生まれてくるのでしょう。

そこで彼女は、片づけを部屋ごとにおこなうのではなく、衣類、本、書類、小物、思い出の品といったカテゴリーに分け、それらを思いきって捨ててしまうことを提案します。その判断基準となるのは、それが幸福感〔ときめき〕を与えてくれるかどうかです。「それを手に取ったとき、あなたはときめきを感じますか？」

もし感じなかったのなら、捨てるべきです。

この〔こんまり〕メソッドは、いまでは書籍以外でも紹介されています。近藤は片づけコンサルタントの育成コースをいくつも開き、最近では動画配信サービスのネットフリックスでドキュメント番組も制作しています。そこではお手上げ状態のアメリカ人を相手に、満杯のクローゼット、キッチンやリビング、買い過ぎた商品のたまり場と化したガレージ等の片づけを数話にわたって手伝っています。ちなみに彼女がモノを捨てるようにうながした人たちは、決してためこみ症にかかっていたわけではありません。最後にゴミ収集車がポリ袋の大山を持ち去ると、むしろ彼らはみんな、とてもホッとした様子でした。

〈イースタリン・パラドクス〉をおぼえていますか？　人間はある程度の豊かさに達すると、さらに多くの物を所有しても、それ以上、幸福を感じることはできない、という説です。

近藤はいわば、このパラドクスを映像化してみせたのです。

でもそれなら、最初から買わなければよかったのでは？　サスティナビリティ研究者の私にはすぐに思い浮かぶこの考えは、この番組ではもちろん投げかけられません。もっといえば、最初からつくらなければよかったのでは？　それならゴミを詰め込んだポリ袋の山は、もっと小さかったでしょう。

この星の環境のガードレールから飛びださないで、持続可能なかたちで経済を動かしていくには、いったいどんな策を講じればよいのか――こうした議論では、おもに二つの提案がなされます。ひとつめは、すでにご存じのとおり、いわゆる根本的なデカップリングです。つまり、技術の進展やイノベーションの力を借りて、経済的豊かさを犠牲にすることなく、自然の消費量を減らすことです。二つの提案のうち、こちらのほうが好まれやすいのは、不思議なことではありません。しかし残念ながら、すでにリバウンド効果で見たとおり、この方法では人びとはまだ目標を達成していません。おまけにリバウンドのパターンは、時間や集中力、お金といった、個人的な資源についても見られました。

もちろん需要の側、つまり消費者も、供給側と同じく重要な存在です。持続可能な経済への二つめの提案は、こちらを出発点にします。もし自然が経済成長の高まりに耐えられず、ましてや回復など見こめないとなれば、物質的な豊かさを縮小するほかありません。もちろんこちらの提案は、あまり歓迎されません。なぜならその場合、人びとはより少ないモノでやっていかなければならない、つまり捨てなくてはならないからです。

自然について論じた章〔第3章〕で確認したように、商品を生産あるいは使用する過程で生じる環境のダメージは、経済のバランスシートには反映されません。つまり私たちがある商品に支払う金額は、その商品のほんとうのコストに見合っていないのです。これは会計の基本原則に反するもので、国内総生産の算出方法が批判される際にも、くりかえし指摘されることです。ところがこれが、モノの価格を意図的に下げる、定評のある方法としてまかり通っているのです。私たちは商品の生産や消費で生じる負荷を、ほかの人たちに押しつけているにすぎません。そうした人たちは、声も力ももたないがゆえに、抵抗もままならないのです。

フランクフルトからニューヨークまで、飛行機で往復するとしましょう。時期がよければ、チケットは三〇〇ユーロ〔三万九〇〇〇円〕もしないでしょう。もちろんこの価格には、他のもろもろの費用にくわえ、往復に必要な燃料代もふくまれています。ところが、このフライトが大気中に発生させる二酸化炭素を再除去するコストはふくまれていません。航空会社も、燃料を供給している燃油会社も、そのコストをチケット代に計上していません。このフライトでは乗客一人あたり約三・五トンの二酸化炭素が発生しますが、乗客ふくめ、すべての人間が、これを地球の大気がまだ吸収してくれると、あたりまえのように考えているのです。

「外部コスト」とはまったくおかしな言い方です。いったい何の外部だというのでしょう？

この場合の外部とはあきらかに、自分たちが責任を感じないところ、ということです。私たちは大気圏をゴミ捨て場のようにあつかい、さまざまなかたちで温室効果ガスをそこに垂れ流しています。けれども、大気の状態を回復する責任は、何がなんでも、ほかの誰かに押しつけようとします。結局そのツケを払うのは、たとえば〔海面上昇で〕すぐに沈んでしまう島国であり、気候変動に適応する余裕などない、貧しい人たちです。彼らは〔温暖化が引き起こす〕嵐のあと、畑や家を再建することもできなければ、浸水の危険がない地域に引っ越すこともできません。同じことを、私たちは自分たちの子どもや孫に対してもおこなっています。その子たちは、私たちが残す世界のなかで生きていくほかないのですから。

こうした責任放棄・責任逃れが、〈外部化〉と呼ばれているのです。

社会学者のシュテファン・レセニヒが、その著書『我がかたわらに洪水よ来たれ』*で説明しているとおり、欧米の豊かな生活は、ほんとうのコストを自分たちで負わずに、その大半を他者に押しつけることで成り立っています。しかし私たちは、まさにそういう状態をつづけるために、事実に関心を示さないか、あるいはよく知っていないながら見て見ないふりをしているのです。これこそ、私がこの本の冒頭から述べてきた、〈いつわりの現実〉なのです。これをレセニヒは外部化社会と呼びました。

レセニヒはこういいます。「私たちは自分の境遇以上の暮らしをしているのではない。他者の境遇以上の暮らしをしているのだ(33)」。

ドイツでは家畜の餌に大豆が使われていますが、これはヨーロッパの土壌ではまったく育たない植物です。ですから南アメリカから輸入するのですが、そこでは大豆の大規模栽培によって、熱帯雨林や牧草地が破壊されています。一方でドイツは、自分たちが消費する以上の肉を生産し、同じく安価な大豆に頼らなければ肉の販売もおぼつかなくなった国々に輸出しています。ある地域に環境負荷を負わせることでコスト的な優位が得られると、それは別の場所での——ただしいずれも自国以外ですが——環境負荷をまねくことになります。原因〔をつくる地域〕と結果〔をこうむる地域〕が切り離され、全世界に拡散するのです。

こうしたことを示す別の例として、バイオ燃料をあげることができます。ヨーロッパの国々は数年前、これを活用すれば、輸送関連の排出バランスが改善されると期待していました。バイオ燃料の燃焼によって発生する二酸化炭素は、バイオ燃料の生成に必要な植物によって再度吸収されるので、理論上、持続可能な循環が成立することになります。けれどもヨーロッパが必要とする燃料の量は、ヒマワリやナタネ栽培に利用できる〔ヨーロッパの〕耕地面積をはるかに越えていたため、世界のほかの地域から輸入しなくてはなりませんでした。それでどうなるか、予想がつくと思います。東南アジアで、ヨーロッパのエネルギー作物需要を満たすよう、パームオイルのプランテーションを建造するために熱帯雨林が開墾されたのです。また開墾のために必要な焼畑によって、森と大地につなぎ止められていた、途方もない量の二酸化炭素が大気中に放出されました。これも私たちは〈外部化〉しようとするのです。

幸運にも、ここドイツではたいした影響はありません。ドイツ国民は自国の森林面積が安定的に維持され、増えてさえいることを自慢しています。ただこの森林は単一種で、生物多様性には寄与しません。気候変動に対する抵抗力をもたないことも、過去二年間の猛暑の夏で知られるようになりました。それにもかかわらず、貧しい国の人たちはもっと環境を大切にするすべを学ばねばならない、という主張が、

＊ カール・マルクスが資本家のスローガンとして引用したルイ一五世の言葉「我が亡き後に洪水よ来たれ」のパロディー。

延々とくりかえされるのです。

興味深いことに、経済学はその答えも、やはり成長の理論に見いだしています。アメリカで活躍した経済学者サイモン・スミス・クズネッツの名を冠した、いわゆる「クズネッツ曲線」がそれです。この曲線が示す仮説は、社会における所得の不平等は、経済成長が始まるにつれ拡大するが、ある地点からのちは、ふたたび縮小する、というものです。この曲線の軌道は印象的です。最初はすべての人の持ち分は似たようなもので、そこからごくわずかな人間が豊かになり、その後、ほとんどすべての人が豊かになる、というのです。

経済成長の章〔第5章〕で紹介した〈トリクルダウン〉理論は、環境の持続可能性の議論にも応用されました。どのようにか、予想できますか？　はい、ご名答。一人あたりの所得が増えるにつれ、環境汚染のレベルは下がる、というのです。

別の言い方をすれば、社会が豊かになればなるほど、汚染なき環境への関心が高まり、必要なインフラ設備をととのえるために、より多くの資金が投じられる、ということになります。

はたして、そうでしょうか？

ドイツのゴミ分別にだけ着目してみます。まず、これが世界でもっとも効率的なリサイクルのシステムであることは明白ですが、その構築には、相当な豊かさが必要だと思われます。見積もりでは、利用者はこのシステムに毎年約一〇億ユーロ〔一三〇〇億円〕もの費用を負担しています。ドイツ人のようにシステムを堅実に稼働させるのに必要な時間は、ここには算定されていません。

それでも、これは成功モデルなのでしょうか？

まあ、そうともいえます。しかしまず、ドイツは——デンマーク、ルクセンブルク、キプロスをのぞけば——ヨーロッパのどの国々よりも、一人あたりのゴミ排出量の多い国です。けれどもこのゴミは、すべて国内で処分されるわけではありません。ドイツの廃品回収業は、輸出産業でもあります。ヴュルツブルク大学の調査によれば、ドイツは二〇一八年、トン換算すると、機械製品よりも多くのゴミを輸出しています。私たちのプラスチックゴミの五分の一は海外へ、特にマレーシア、インド、ベトナムといったアジアの国々に運ばれ、一部は再利用されますが、残りは現地のゴミ集積場、あるいは海や川へと投棄されます。また、一日あたり一七五台の壊れたテレビがドイツから、ガーナ、ナイジェリア、カメルーンなどのアフリカの国々に送られ、使える部分は取り出され、売り物にならない部分はすべて集積場行きとなります(34)。

つまり、より豊かだからといっても、それだけでより環境に配慮した生活をしているわけでは、まったくありません。事実は逆です。もちろん私たちは、より厳しい規制で自国の環境を守っていますし、国際的に比べればかなり発達したゴミ処理制度を運用しています。でも、それでバランスがとれているかどうか、あまり真剣には問われません。私たちは自分たちが必要なものを輸入し、不快なものを海外に押しつけています。これはヨーロッパ全体にいえることです。ヨーロッパは世界のうちで、他国の土地利用にもっとも依存している大陸です。いわゆる土地のフットプリントにまとめると、EUのいまのライフスタイルを支えるために、六億四〇〇〇万ヘクタールという莫大な土地を必要とします。これはEU二八か国の総面積の約一・五倍です。イギリスをのぞけば約八〇〇〇万ヘクタール減りますが、ドイツはこれと同じだけの土地を必要とします。[35] そうした土地から生産物を買いつける輸入業者の関心はおもに価格の安さにあり、その土地で長期にわたり持続可能なかたちで収穫されているかどうかには、ほとんど関心を払いません。繁栄と富、つまり市場における私たちの特権的な地位が、そのようにふるまう力を与えているのです。

〈外部化〉には、こういったことがすべてふくまれています。

国ごとに見るかぎりでは、国民が豊かになれば、その国の水や大気などの汚染が減少するという、クズネッツ曲線が成り立つことはわりとあります。もちろん排ガスの数値がごまかされているなら、話は別ですが。* しかし世界的に見れば——私たちが直面している環境問題のほとんどは世界的な射程をもちます——この豊かさと環境保護の等式は目をくもらせるものです。ですからいま、私たちが避けて通れないのは、環境消費の直接的な削減をめざすことであり、この目標達成を支える適切なバランスシートを求めることです。しかしそれはまさに、禁じること、捨てることだといえます。捨てる——この言葉を聞くだけで、たいていの人はたちまち不機嫌になります。

しかし、捨てる、とはどういうことでしょうか?

何かを捨てるというのは、それが自分のものである場合にかぎられます。しかし西欧世界が享受し、多くの発展途上国がめざしている豊かさとは、持続可能性の規則からすれば、そもそも起こってはならないことだったといえるでしょう。

であれば、先進国において捨てるということは——ステータス商品としての戦車まがいのトラックや、思い切って捨てることを勧める片づけアドバイザーもふくめ——この星を廃墟にしてしまうのをあきらめる〔原語は「捨てる」と同じverzichten〕こと、そして、その対価として未来の生存の土台を手に入れることであって、それ以上でも以下でもありません。

こういうと、たしかにたいへん深刻です。

では、もう少しひかえめな言い方があるでしょうか？

残念ながら、ありません。

ちょっと落ちついて、別のかたちで問いを立ててみましょう。私たちが不足なく暮らしていくには、何が絶対に必要でしょうか？

ほんらい生活の保障とは、人間の基本的なニーズ——食料、水、住居、エネルギー、医療、教育——の充足を、長期的かつ確実に保障することを意味します。すでに見たとおり、これら基本的ニーズの充足を求める声は、二〇世紀にはいり、どんどん高まってきましたが、ここ数十年でほんとうに爆発的に

＊ 二〇一五年、フォルクスワーゲン社によるディーゼルエンジンの排ガス制御技術のデータ偽装が発覚し、問題となった。

なりました。私たちはその際、技術進歩や自然を無視した経済指標に熱狂するあまり、この保障にもパラドクスがあるということを、完全に見落としていました。すべての親が、とにかく自分の子どもたちの状態がよりよくなるよう心を砕いても、それをより多くもたせてやることと混同すると、いつしかすべての子どもは、より悪い状態に追いやられてしまいます。資源は限られているのに人口は増えつづける、そんな星で生活を保障するということは、消費の量を増やしつづけることではありえません。

　捨てることに反対の人はこういうでしょう。捨てるかわりに、何が得られるのか、断念によって生じる苦痛を、いったい何が和らげてくれるのか。答えはこうです。私たちは近い将来の平和と生活保障に投資するのです。想像してみてください。アフリカ、ラテンアメリカ、アジアの国々がいつか、私たちへの原材料の輸出や土地の提供をあきらめ、自分たちのために使うようになったら、いったいどうなるでしょうか？

　生活保障のパラドクスを解消する第一歩は、環境消費のバランス、それとあわせて商品の価格を修正することです。多くの商品の価格は、その生産、輸送、使用後の廃棄に生じる、ほんとうのコストが反映されれば、高くなるほかないでしょう。カーボン・プライシング〔排出炭素の価格化〕は、こうした方向性にそったひとつの試みです。こうした価格化は、消費者の購入決定に影響をおよぼすだけではなく、ＣＯ２フリー製品の開発に役立つイノベーションに、コスト的な優位を与えることにもなります。裏をかえせば、商品がもたらした環境負荷が価格によって可視化されるようになります。そうすれば、価値創出をより客観的にとらえられるようになるでしょう。デジタル・イノベーションも、こうした動きの手助けになると思います。個々の原材料や製品部品にデジタル・マーカーやCO2トラッカーがつけられれば、それがよい目印となり、今後、市場が長期的に安定的な供給源を確保するチャンスが生まれるでしょう。

より少ないとより多いとのあいだで明晰《めいせき》な頭脳を保つのは、容易なことではなさそうです。私たちは結局、たえずより多くのものを利用することに慣れきってしまっているのです。その最たる象徴がスマートフォンです。音楽、映画、知識、コミュニケーション、消費財――これらすべてをひとつの機器につめこみ、その処理能力は、五〇年前、月面着陸したアポロ一一号が搭載したボードコンピュータの一億二〇〇〇万倍にもなります。

社会学者ハルトムート・ローザはある講演で、これを「活動範囲の拡張」への絶えざる衝動、と呼びました。(36) 現代社会では、たえず現在が過去を凌駕《りょうが》するようになっています。たえざる向上という強迫観念が支配し、それは技術や経済の領域だけでなく、社会的領域、はては空間的な領域にまでおよんでいます。どんなファッション、仕事、喜び、休暇も、明日には過去のものになってしまいます。そして、ひっきりなしの広告、ニュース、自己アピール、情報の洪水といった、いわゆるアテンション・エコノミーは、それらの消費期限をますます短くすることに、確実に寄与しているのです。

さらに、利用できるモノや機会だけではなく、そのバリエーションも増えています。でもこれは、数年前にある実験で二人のアメリカ人心理学者が証明したように、重荷となるだけです。二人はカリフォルニアの高級食材店に試食テーブルを二つ設置し、ひとつには六種類、もうひとつには二四種類のジャムを並べました。買い物客の注目が集まったのは、もちろん選択肢の多いテーブルのほうです。しかし最終的にそのテーブルからジャムを買った客は、六種類しかないテーブルから買った客より、あきらかに少なかったのです。選択肢はたしかに後者のほうが少なかったのですが、その分、決定をくだすのは簡単だったわけです。何かを買うと決めるときの喜びは、その選択肢の増加に比例して増えるわけではありません。心理学者バリー・シュワルツは、これを「選択のパラドクス」と名づけています(37)。

でも、話はもっと複雑です。

ちょっと自問してもらいたいのですが、いくつかのオプションや商品の購入をあきらめたところで、あなたの生活の質は、ほんとうに悪くなるのでしょうか？　幸いなことに、こうした問いに関する研究もこの間、多くなされていて、しかもその結論はすべて明確に一致しています。つまり、より多ければよりよくなるわけではない、ということです。ものがより多くなることで、たしかに私たちの何かは満たされるのですが、同時に不安もあおられるのです。

自然環境を自分たちの豊かさへと変換するベルトコンベアを動かしているのは、もっと多く、という私たちの願望だけではありません。それは、より少なくなることへの不安によってでも動かされているのです。自分たちの先祖や隣人よりも、同じグループの一員でいたいと思う人たちより、自分のもっているものが少ない。この不安が、何かを分けあったり、捨てたりすることを難しくしているのです。そして私たちの文化が、人生や仕事の成功をより多く——とりわけ、他人よりも多く——もつことと同一視すればするほど、このコンベアの速度は上がっていきます。

アメリカの心理学者ティム・カッサーは、経済偏重の文化が社会にどんな結果をまねくのか、調査しました。(38) 彼は物質的な志向が私たちの健康や自尊心にどのような影響を与えているかを調べ、物質主義が人びとの不安と不満の原因であり、その表出でもあることを突き止めました。その理由は、物質主義が外因性の——つまり自分の外からやってくる——モチベーションや、他の人たちから承認を、何よりも要求するからです。そこでは、私が手に入れたモノの値段や注目の大きさ（賞賛、いいね、クリック数）が、私の固有価値を反映します。すでにマリアナ・マッツカートが、財やサービスについて同様の認識を示していますが、この価値理論では、だれが社会における価値ある構成員なのかを判断する感性が失われていきます。そして自分の大事な地位や豪邸が失われたり、あるいはフォロワーたちが急に自分をこばかにするようなことがあると、自己の価値が危うくなるのです。

ですからカッサーが突き止めた事実、すなわち、人びとの物質的な志向が強まるにつれ、個々人のストレスや不安感、さらにはうつ病への傾向までもが強まるという事実は、不思議ではないのです。

法学者であり、教育学者であり、長らくハーバード大学の学長でもあった、デレック・ボックという人がいます。彼は幸福追求の観点からの政策提言に関する俯瞰《ふかん》的な研究で、やはり同じことを指摘しています。「心理学な知見から見れば、次のように警告することができる。裕福になることの追求には、不幸や幻滅をあじわうという、本質的なリスクがともなう[39]」。

ジェレミー・ベンサムがこれを聞いたらなんというでしょうか？

彼はきっと混乱して頭をかきむしるでしょう。というのも、経済学者たちは功利主義を絶えざる消費の増大に還元し、成長神話を当然で無限なものだと説いてきたのに、成長は私たちの幸せをつねに増やすわけではまったくない、というのですから。

つねに幸せが増していく？

そんなこと、もともとありえないことです。

人間というシステムは機械的ではなく、生物的なものです。私たちの脳は、たえず適応作用をしています。一度に過剰な幸せホルモンを分泌できませんし、長時間、高いパフォーマンスを維持することもできません。自然や人間といった生命システムは、再生可能な取りあつかいを必要とし、それでこそ繁栄できるのです。そのため幸福研究も、上昇をつづけるホッケースティック曲線ではなく、一から一〇の段階を測定に用います。

それなのに、これまでのインセンティブ・システム、組織構造、政治綱領、金融市場、各種の指標は、たったひとつのこと、つまり、もっと多く、をつねに追求するよう構築されていました。その結果、このきわめて特殊な不幸を生み出している基本的な枠を乗り越えることが、ますます難しくなっています。

これが、カッサーが突き止めたことの二点めです。

実質的、社会的、そして環境志向的な価値と、物質主義的な価値は、シーソーのような関係にあります。一方の価値が増えれば、もう一方の価値は減るのです。もし文化や社会構造において、ホモ・エコノミクス的な考えが支配的になれば、すべてが地位、権力、金を中心にまわりはじめます。それとともに、共感や寛容、環境への意識は失われ、全体の繁栄や充足への問いかけは、理論や世界観から締め出されます。人びとのなかの、私たち、という意識が小さくなっていくと、全社会的な問題も生じるのです。しかしカッサーの研究にはよい知らせもあります。価値のシーソーは別の方向にも動くのです。社会的、環境的価値への関心が高まると、物質的価値の重要性は低下し、環境消費のベルトコンベアの速度もゆるむのです。ボン大学の行動経済学者アルミン・ファルクは、これを後押しする気候変動時代の定言命法、[*]「すべての人がそうすればよいと希望するよう、消費せよ」を提唱しています。[40]

これでなんだか、話が一気に簡単になったように思えませんか?

ですが、人びとの買うものの量が少なくなれば、商品の売れ行きは鈍ります。そうなれば、いまの構

＊ 定言命法は、哲学者カントがある行為が道徳的であるためにかならずしたがうべきだとした命令。「汝の意志の格率がつねに同時に普遍的立法の原理として妥当しうるよう行為せよ」がカントの定式。

造の投資、課税、リファイナンス（借り換え）のあり方では（この点はおぼえていてください）不況が起こります。ですから私たちには、消費者としての役割だけでなく、市民としての役割もあることを自覚する必要があるのです。私たちに必要なのは政策を変更して、持続可能性を経済成長戦略のついでに実現できるかもしれない副産物としてあつかうのではなく、直接、持続可能な消費、生産、投資をめざすことです。これを簡潔かつ的確に表現する定式があったらいいと思いませんか？ あります。みなさんはもう目にしています。それはこうです。「成長は手段であり、絶対的な目標ではない」。

イースタリンの、ジェボンズの、生活保障のパラドクスから抜けだしましょう。そして、新しい社会契約を結び、エコロジカル・フットプリントが少なくても、生活の質の高い社会をめざしましょう。それは可能です。

豊かな西欧での私たちの消費行動は、コストの外部化によってはじめて成り立つものです。また、所有や地位を自己価値の判定基準に用いることは、人びとを幸せにしません。それゆえ、私たちの社会における消費の役割とあり方を変えることは、持続可能性への重要な鍵になります。その際、中心となるのは社会的目標と経済的目標との調和でしょう。

第8章／国家・市場・公共財

複雑系経済学が示すのは、経済とは庭のようなもので、完全な平衡状態や停滞状態になることはなく、つねに成長し、また縮小しているということです。そして、手入れを怠った庭のように、ほったらかしの経済は、不健全な、平衡を欠いた状態に向かう傾向があります。

経済学者　エリック・リュー／ニック・ハノーアー

イサカはアメリカ、ニューヨーク州の小都市で、特に、何人ものノーベル賞受賞者を輩出した大学〔コーネル大学〕があることで有名です。五〇年代にはいるまで、この街にアクセスする、もっとも確実かつ安価な方法は鉄道でした。もちろんバスや自動車が走れる道路もありましたし、当時すでに空港まであリました。それでも鉄道は、悪天候でも一年中運行していました。しかし遅くともそのころから、自家用車をもてる人が増え、鉄道は、降雪や路面凍結でほかに手段のないときに利用されるくらいになりました。五〇年代末、鉄道会社は旅客業務を停止しました。採算がとれなくなってしまったからです。

当時イサカの大学で教鞭をとっていた経済学者アルフレッド・E・カーンは、数年後、この路線がたどった運命についてエッセイを書きました。そのタイトルは、ある過程で、もともとだれも望んでもいなければ、最善でもない結果が生まれるあらゆるプロセスを表現する決まり文句となりました。「小さな決断による暴政」というのがそれです。

イサカに来るのに鉄道でなく車、バス、飛行機を使った人たちの行為は、個人の視点、個人の利害から見ると合理的だといえます。しかしそれによって彼らは、鉄道がなくなるというプロセスを結果として後押ししました。個人の純粋に合理的な決定が合算され、だれも積極的に選んだわけではない結果をまねいたのです。

なぜこんなことが起こったのでしょうか？　自由市場では、各人が合理的に、つねに自分の利益が最大となるよう決断すれば、つねに最大の利益が万人にもたらされるはずです。しかしこの場合、まさに各人は自分のことだけを考えたために、万人にとっての不利益が生まれました。どうしたらそんなことが起こるのでしょう？

市場の失敗といわれることが実際にあったのでしょうか？

核心となる問いは次のようなものです。生産者が自分の望むものを自由に生産し、消費者が自分の望むものを自由に消費する、それで、社会が必要とする財も創出され、配分されるのか？　自由市場は、何らかのかたちでその中心的な調整役を果たすのか？　であれば、どうして計算どおりいかないのか？　市場に対する国家の正確な課題について、たくさんの議論がなされ、いまなおつづいているのは驚くことではありません。

共産主義の破綻によって、公正や平等、富の配分や進歩をどう創出すればいいのか、また、そのために国家はどういう構造でなくてはならないか、こうした大きな問題にも答えが示されたように思われました。何かをコントロールしようとする政治はその役目を終え、国家は夜警国家、つまり治安と私有財産の保護だけに責任を負うことになりました。さらにアメリカの政治学者フランシス・フクヤマが「歴史の終わり」を主張し〔社会制度の発展は民主主義と自由経済をその終局とする、という説〕、一九九〇年のワシントン・コンセンサスにより、グローバル経済のメリットが定式化され、一九九四年には世界貿易機関（WTO）が設立されました。

それから何年かのち、私はメキシコのカンクンという街で、数百人ものデモ参加者とともに、バリケードの前に立っていました。その向こう側ではWTOの閣僚会議が開かれており、農作物のグローバル貿易の成果などを報告するために、一四六か国の大臣が集まっていました。私がそこにいたのは、ドイツ環境自然保護連盟（BUND）の一員として、この政策に反対するためです。私も他の多くの人と同じく、これまでのようなグローバル化がすすめば、重大な環境破壊が引き起こされると考えていました。特に、グローバル化は北半球の巨大企業に利益をもたらす一方、小規模の農業経営者を苦しめていました。なかでも南半球の小規模農業経営者がこうむった影響は、各種補助金に守られた北半球のそれとは比べものになりませんでした。そして会議に対する大規模な抗議デモが告知されていたある日、私の数メートル横で、一人のデモ参加者がバリケードをよじのぼり、みんなの目の前で短刀で自分の胸を貫いたのです。

私たちはみんな、強いショックを受けました。

この参加者の名前は李京海《イ・ギョンへ》。あとで知ったところでは、農業を営む五六歳の韓国人で、同国では持続可能な農業のカリスマ的存在でした。彼は養牛を中心としたモデル農場で、学生に有機畜産を教えていました。ところが韓国政府が牛肉輸入の制限を撤廃し、大規模飼育による安いオーストラリア牛が市場にあふれはじめると、農場が立ち行かなくなります。安い牛肉に太刀《たち》打ちできなかったのです。農場と土地は銀行にとられました。韓国の農家で同じ目にあったのは彼だけではありません。彼は幾度も、こうした人びとの行く末に注意を喚起し、そしてメキシコにまでやってきました。この政策がもたらした影響を世界に知ってもらう、最後のチャンスだと考えたからです。

そこで何が起こったのでしょうか？

このことは、私たちの現代的な生活について、国家、市場、そして公共財の相互関係について、何を物語っているのでしょうか？

ソ連の崩壊から三〇年、世界はかつてないほど大きく変化しました。グローバル化という目標のもと、多くの国家レベルの規制が廃止され、投資や取り引きを保障する、新たな国際的メカニズムが設けられました。世界規模にはりめぐらされた価値創造の連鎖が生まれ、それを握る大企業はどんどん少数になり、巨大化しています。たとえば農産物取引の分野では、五つの企業が、輸出入の七〇パーセントのシエアを占めています[41]。これら巨大企業の市場価値は、多くの国の国内総生産を上回ります[42]。最上位にいるＩＴ巨大企業は、有利な条件がそろっているところに運営拠点をたやすく移すことができます。その条件とは、インフラを安く利用できるだけではなく、特に法人税が安く、政府が事業に高額な補助金を出すことです。すでに「人間とふるまい」の章〔第４章〕で確認したことですが、もともと企業間のものだった競争力という概念は、いまでは国家間のものになっています。力のある企業は、各国の労働基準法、社会保険料、各種法規定、環境保護法を、世界の端から端まで比較、検討しています。最近では、企業が投資を決めた際に見込んでいた利益が得られなかったとき、環境政策や社会政策に問題があるとして、企業の立場から国や州を相手取って訴訟を起こす、専門の法律事務所まで存在します。

ごく少数の競争相手とともに供給サイドを支配し、市場をリードする企業を、寡占《かせん》企業といいます。この寡占企業は国際的に活動しますが、国家は国単位で動きながらも、自国の大企業を保護せざるをえません。どの国も、そうした大企業が破綻するコストをまかなえないからです。大きすぎて倒産させられない（too big to fail）のです。その最近の例が、二〇〇八年の金融危機のさなか、米国政府が何百万ドルもの税金を投入して大手銀行を救済しなくてはならなかったことです。そうしなければ世界中の金融システムが大きく揺らいでいたでしょう。〈小さな決断による暴政〉は、大きなプレーヤーたちによる暴政に変わりました。

本来、市民の利益や公共の福祉を代表するはずの国家が、なぜこうも防戦一方になってしまったのでしょうか?

市場は需要と供給のバランスをどうやってとっているのか。この問いに対して、今日の国民経済学の基本モデルは、たった二人のアクターしか想定していません。生産者と消費者、ないしは企業と家計です。国家はここにまったく登場しません。登場するとしても、購買者としてだけです。しかし国家は、ルールやインセンティブによって財やサービスの生産を調整できますし、実際にそうしています。それは供給にも、少なくとも需要と同じくらい強い影響を与えます。ところが驚くべきことに、この切り詰められた図式は、現在の政治的議論に深く埋めこまれていて、だれがどのように行動すべきかという判断に、大きくかかわっているのです。そこに見られるのは、単なる仮説でしかない、むしろ偏見とすらいえる三つの主張です。

それは次のようなものです。

国家の規制(秩序政策ともいわれます)は、投資を妨げ、その結果、技術の進歩を遅らせる。

市場と企業はいつも国家より優れた解決策をもっている、それゆえ彼らの行動を制限してはならない。

規制は市場参加者の自由、特に消費者の自由を妨げる。

こうした仮説が正しいかどうか、順々に検証していきましょう。

価値概念の思想史〔第5章〕のところで紹介したマリアナ・マッツカートは数年前、『企業家としての国家』という驚くべき著書を刊行し、重要なイノベーションにおける国家と市場の相互作用について、丹念に検討しています。たとえばアップルは世界最高レベルの企業価値をもつ企業ですが、その成功を支える主力商品、iPhoneに搭載されている技術の多く——インターネット、GPS、タッチスクリーン、高性能バッテリー、そして音声アシスタントのSiri——のもとになったのは、公的資金に助成された基礎研究でした。伝説的な経営者スティーブ・ジョブズはマーケティングの天才で、彼の仲間はデザインの天才なのかもしれません。でもこと技術については、彼らは既存のものを組み合わせただけです。そうした技術が生まれたのは、国が積極的に援助したからです。ですからマッツカートによると、「大胆にイノベーションのリスクをとる者」とは、本当は国家なのです。

「資本主義を前進させてきた、根本的な技術革新の大部分」、彼女は鉄道、宇宙飛行、原子力発電、コンピュータ、インターネット、ナノテクノロジーに医薬品開発などをあげていますが、これらには「もっとも早くから、もっとも勇敢に、資本集約的に、起業家的な投資が国家によっておこなわれた」といいます。[43]

批判者は、この投資にはしばしば軍事的な関心もあった、と反論するかもしれません。しかし、たとえそうであっても、決定的な技術革新を国家が担っている、という結論に変わりはありません。

自分たちの巨大な経済的成功は、国家が維持する社会構造の上に築かれている。これは、アップルのような企業が思い出したがらない事実の一面です。もう一面は、その理由からだけでも、彼らは国家に要求された税金を納めてしかるべきだ、ということです。

イギリスの団体「フェア・タックス・マーク（Fair Tax Mark）」の試算によれば、シリコンバレーの六大企業――アップル、アマゾン、フェイスブック、グーグル、マイクロソフト、ネットフリックス――は、二〇一〇年から二〇一九年のあいだ、巧みな策を用い、合わせて約一〇〇〇億ドルの税金逃れをしていました。[44]アマゾン一社だけでも、二〇一八年のように一一〇億ドルの利益を上げた年に、米国財務省から一億二九〇〇万ドルの税額控除を受けています。その税率は、長年にわたり、三パーセントほどでした。[45]

エアビーアンドビーのような企業の経営モデルは、公的支出によるインフラを利用しながら、それを維持する責任を引き受けない、というものです。魅力があり、しかも格安航空便でアクセスできる都市の住人にとっては、このプラットフォームを介して自分の住居を観光客に貸し出すのは、一見よいアイディアに思えるでしょう。また、貸す目的で住居を借りたり、購入したりするのも、よさそうに思えます。でも、そう思えるのは、多くの人がそうした結果、人気の地区から地元民がほとんどいなくなったことに気づくまでです。地元民は高騰した家賃を払うことができず、そうやってまったくの見てくれだけの地区ができあがると、観光客もある時点から急に、本物の風情があると感じなくなります。

これが、〈小さな決断による暴政〉の厄介なところです。そこには、個々人の利益の総和が実際に万人の利益になるのかどうか、高所から判断する機関が存在しません。集団の幸福を、個々人の利益を最大化する可能性よりも優先して判断する機関です。それがあれば、多くのケースで、長期的に見て、すべての受益者の幸福が保障されます。この公益の保護といわれるものには、長期的な先見性が必要で、それこそが国家本来の責務なのです。

「自生的秩序では、いわば見えない手に導かれ、人びとは異常で不快な結果を追求するようになる、と思われがちだ」。カレン・ヴォーンはこう記していますが、彼女はジョージ・メイソン大学のフリードリヒ・ハイエク・プログラム所属の教授であり、市場を敵視する立場はとりません。[*]「人間の活動が意図せざる結果として生み出した秩序が望ましいかどうかは、結局、人びとの行動を決めるルールや制度のあり方や、人びとが選べる実際の選択肢しだいである」。

ジョン・メイナード・ケインズはもっと踏みこんで、国家の役割を次のように説明します。「国家が取り組むべき最重要事項は、すでに人びとが私的におこなっている活動ではない。国家がおこなわなければ、だれもおこなわないような職務や決定に取り組むべきなのだ」[46]。

また彼の想定によれば、市場への国家の介入は例外的なことではなく、供給と需要のバランスを維持するためにおこなう、通常の状態です。その対象は、生産やサービスだけでなく、労働市場や輸出入関係、あるいはマネーサプライや通貨市場にもおよびます。また私なら、自然や将来の世代が、あまりの搾取と不利益から独力で身を守ることができない場合、それも対象に付け加えるでしょう。

問題は、いまの国家はこうしたことを理解しているか？　ということです。もし理解しているとして、国家はそうする勇気をもっているでしょうか？

だれもが日常的に知っている、簡単でわかりやすい例をあげましょう。オンラインショッピングでの返品についてです。

バンベルク大学の研究グループの算出では、[47] 二〇一八年、ドイツ人はインターネットで注文した商品の小包を、六つにひとつの割合で返送しています。[48] 理由は、商品が希望したものではなかった、別のところでもっと安く手に入れた、サイズが合わなかった、ほしいと思ったのは注文を決めるときまでだった、等々です。その数は一年で二億八〇〇〇万個になります。研究グループが調査した一三七の小売業者の見積もりでは、返品ごとに三ユーロにも満たない少額の手数料を請求すれば、返品数を八〇〇〇万個減らすことができます。そうやって返品の際の燃料を節約するだけでも、四万トンの二酸化炭素を大気に排出せずに済みます。これは、四〇〇〇人のドイツ人が一年間に発生させる二酸化炭素と、ほぼ同じ量です。つまり三ユーロ未満の手数料で、四〇〇〇人のドイツ人が、気候にまったく影響を与えずに生活できるのです。中小規模の小売業者を中心に、そうした料金を求める会社もすでにあり、売上の損失もほとんどありませんでした。どの企業でも返品コストの負担が減り、利益は減りませんでした。調

＊　ハイエクは、市場の機能を高く評価し国家の介入をできるだけ控えるべきだとする新自由主義の代表的経済学者。

査に協力した中小の業者のほとんども、手数料を請求したいと考えていますが、他社との競争で不利になることを恐れ、二の足を踏んでいます。市場だけでは料金についての合意形成はできません。国家によるルールづくりが必要なのです。

アマゾンやザランドなどのオンラインショッピングの大手は、これをおもしろく思わないかもしれません。巨大企業である彼らは、返品を効率的に処理でき、それによって、より小規模な業者の市場参入を難しくできるからです。

オンラインで商品をたくさん注文し、たくさん返品している人たちも、これをおもしろく思わないかもしれません。これからは注文前に商品をもう一度吟味し、買うかどうか考えなくてはいけません。でなければ、いくらか手数料がかかるからです。

でもそうした手数料は、全体的な結果として、意味がないわけではありません。手数料の設定は環境保護につながり、大多数の小売業者にも支持されます。すべての人に適用されるので、特定のだれかの不利益になるわけでもありません。国家は、すぐに手数料の導入を決定すべきでしょう。まさにケインズのいうとおり、それができるのは国家のほかにだれもいないのです。

このことを明確に述べた人を知っていますか？　フランクリン・D・ルーズベルト、一九三三年、深刻な経済危機の克服のため、ニューディール政策を実行したアメリカ合衆国大統領です。彼が国民にあてたスピーチ〔炉辺談話〕には、先の考えがそのまま示されています。「たとえばアンフェアな一〇パーセントの人びとが、商品を安く生産したために、残りの九〇パーセントのフェアな人びとも、そのアンフェアな条件を受け入れざるをえなかったとしましょう。そんなときこそ、国家の出番です。ある産業の研究をすすめ、計画を立案し、その産業関係者の大多数の支持を得て、アンフェアな行為を阻止する、そして国家の権威によってその取り決めを実行する。国家はそうした権利をもたなければならないし、もつことになるでしょう」(49)。

興味深いとは思いませんか？　国家と市場参加者がチームを組み、明確なルールを設けて、その業界をふたたびよい方向に向かわせ、発展させようというのです。

国家と市場に関する古典的な理論においても、政治的自由と個人の責任は表裏一体でした。いわゆるオルド自由主義の経済学者*であれば、決定と責任は一体である、というでしょう。私たちの憲法には、所有権は義務をともなう、とあります**。しかしグローバル化、金融化、デジタル化された現代世界では、この所有と義務のフィードバック関係はどんどん薄れていっています。経済倫理学者トーマス・ベショルナーは自著『目のくらむ社会』で、この欠陥を「現代世界の平衡感覚障害」と表現しました。これは

* ドイツ連邦共和国における「社会的市場経済」という考えを発案したアルフレート・ミュラー＝アルマックなど。
** ドイツ連邦共和国基本法第一四条第二項「所有権は義務をともなう。その行使は、同時に公共の福祉に役立つものでなければならない」。

「二分された自由主義」ともいわれています。国家と市場はもはや、互いの補完的役割をうまく果たしていないのです。ですから彼によれば、市場に大枠の秩序を与えるという政治的課題は、経済的であるだけでなく、倫理的でもあるのです。この課題はまた、自己利益志向の行動を抑制し、道徳的行動を促進するような刺激も与えることになるでしょう(50)。

国家と市場を分けることはできません。また、私たちがただそれにしたがうほかないような要求をしてくる〈ミスター市場〉といったものは存在しないのです。少なくとも私にはそんなものは想像できませんが、みなさんはどうでしょうか?

けれども何年ものあいだ、この二分された自由主義は、世界的な環境破壊をくい止めることを、個々の市民の買いものに押しつけてきました。環境のために何かをしたいなら、持続可能な消費をすべきだというのです。これはまさに環境保護の民営化でした。これを経営の側は喜んでいました。責任感の強い消費者に、その良心を満たすようなラベルを貼りつけた商品を余計に提供できたからです。政治の側も喜んでいました。さまざまな抵抗にあらがって政治の力で何かを規制し、最終的には禁止するという、気まずい仕事を避けられたからです。

そういうやり方で、どれほどの成果が上がったでしょう?

ドイツにおける有機食品の市場シェアは、新たに市場開拓がすすみ、ディスカウントストアですら入手できるようになった現在でも、まだ一〇パーセントをかなり下回っています。有機肉の場合、もっと悲惨な状態で、せいぜい二パーセント、肉の種類にもよりますが、ほとんどの場合、一パーセントにすぎません。[51]

地球上でもっとも裕福な産業国のひとつであるドイツでも、有機食品を買える人間は一〇パーセントに満たず、有機肉を買える人間はさらに少ない、そういうことでしょうか？

私はそうは思いません。

それは、今日の農業市場のあり方では、持続可能性をめざす姿勢は報いられず、そうすることが難しいためです。消費についての章〔第7章〕で見たように、多くの商品の価格はほんとうの生産コストを反映していません。これは食料品にもあてはまります。

どういうことかわかりますか？

そのとおり。

持続可能な方法で生産された食料品が、高すぎるわけではありません。

工業的な方法で生産された食料品のほうが、安すぎるのです。そして、私たちの肉の消費量は多すぎます。人間の健康にとっても、動物たちの健康にとっても、この星の健康にとっても、とにかく多すぎるのです。[52]

それでは、何が助けになるでしょう？

農業補助金制度の改革です。それならすぐに、工業的な食料品と、持続可能な方法で生産された食品との価格差を縮められるでしょう。

さらに事態を別の観点から検証すると有益であることも少なくありません。というのも、食べる量は減っていなさそうなのに、私たちが食料品に使うお金はずっと少なくなっているのです。ドイツの家計の食料品への支出の割合は、過去五〇年間で二五パーセントから一四パーセントに減少しています。逆に住居への支出は、一九九三年以降、ほぼすべての家計で増加しています。ただし所得上位二〇パーセントは別で、この階層の住居費は以前よりも九パーセント減少しています。それに対し、この階層の正反対に位置する、所得下位二〇パーセントの人たちの住居費は、二七パーセントから三九パーセントに上昇しています。これは、借家か持ち家かということと関係があります。この一〇年間、家賃は高騰しました。しかし低所得者層の所得そのものが単純に減った、という事実とも関係があります[53]。さようなら、〈トリクルダウン〉効果！　そして、ようこそ、生計費が突如、逆転した世界へ！　いってみれば、食料品と不動産にかける費用が反比例しているのです。

持続可能な農業形態によって、より多様な生物とともに、より健全な土壌で、より多くの二酸化炭素を吸収し、よりよい地下水で育った有機食品は、やはり高すぎるのでしょうか？　それに見合うよう、住まいも豪華にするべきなのでしょうか？　それとも私たちが必要としているのは、新たな農業政策、いまとは違う最低賃金、そして二〇一〇年以降、爆発的に高騰している土地、家賃、住宅価格に対する住宅政策でしょうか？　この三つの傾向に同時にはたらきかけ、共通善につながるような金融政策はいったい、どこにあるのでしょうか？——みなさん、価値創造と価値の吸い上げの区別〔第5章参照〕をおぼえていますか？

金銭価値や価格がどのようにできているか、あらためてよく考えてみてください。それらは決して価値中立的な数字ではありません。なぜなら、現実世界で起こることを数字に変換することは、どんな場合でも、その価値を判定することにほかなりません。そしてどの価値の判定も、私たちがある政策とその公平性を判定、評価する際、何を考慮し、何に注目するかという点に影響を与えます。政治とはつねに価格の成立に関与しているのです。

つまり問題は、インセンティブ、規制、価格上昇があるかどうかではありません。問題は、それらのうちのどれが〈新たな現実〉ではもう機能せず、まちがった施策になっているか、そして、持続可能な生活様式という不可避な目標に私たちが到達するうえでの障害になっているか、なのです。市場はルールのない無法地帯ではなく、さまざまなルールによってつくられたものです。そしてこのルールは、私たちにどんな自由があり、どんな自由がないか、何が禁止され、何が禁止されないか、どんなイノベーションがありそうで、どんなイノベーションがなさそうか、ということにかかわっているのです。

そうでなければ、莫大な利益を生む奴隷制は廃止されなかったでしょうし、八時間労働や週末休暇の権利も、いまだに獲得できなかったでしょう。

アメリカの言語学者ジョージ・レイコフは、著書『だれの自由?』のなかで、自由には、何かからの自由だけでなく、何かへの自由もあり、啓蒙主義の開始以来、この自由を保障してきたのは国家の介入であると指摘しました。国家の法整備が、学問と研究の自由、大学の拡充、公的医療、言論・思想・集会の自由、そして法の下での万人の平等をもたらしたのです。国家の法整備によって、多くの自由が可能になったのです。国家の規制や保障がなければ、金融市場もありえないでしょう。

そうでなければ、毎月これだけのデジタル数字があなたの口座に記入されます、と書かれた紙の束を差し出すだけで、だれがあなたに家を与えたりするでしょうか?

それは、国家が契約違反を罰するだけでなく、この数字に請求権があることを保証しているからなのです。

ですから、英国の中央銀行であるイングランド銀行の紙幣には、とても明確な一文が書かれているのです。五ポンド紙幣にはこうあります。「私はこの証紙をもっている者に、五ポンドの金額を支払うことを約束いたします」。

すごくわかりやすい例をあげましょう。道路交通については、ある人の自由な行動がほかの人の自由や安全、健康をおびやかす場合、自由に限界が設けられるべきだということは、だれもが認めるでしょう。そして、その自由の範囲を確定するためには、国家の規制が必要だ、ということも。

持続可能な経済をつくる行程だけが、これとはちがうものであるべき理由があるでしょうか?

一九六八年、アメリカの生態学者ギャレット・ハーディンは、いまでは有名となったエッセイで、彼が「コモンズ（共有地）の悲劇」と呼んだメカニズムを説明しました。このコモンズとは、いわゆる公共財のことです。ギャレット・ハーディンがあげた例は、地元農民が牛を放牧する共同牧草地です。この牧草地はだれのものでもなかったので、だれの利用も拒まれませんでした。だれもが好きなだけ牛を放し、できるだけそこで草を食《は》ませました。みんなが、公共財を長期的に利用できるようにすることより、自分の短期的な利益を優先したのです。その結果、食い荒らしが起こり、牧草が足りなくなりました。個々人のやりたい放題がみんなの損害を招くのです。これはルールのない空間で、それぞれが〈ホモ・エコノミクス〉として行動した場合に起こる、典型的な結末です。こうしてみると、市場ではこんなことは起こらないと考えるほうが、むしろ不自然です。市場とはふつう、古典的な財の交換においてしか、うまく機能しないものなのです。

少なくとも公共財については、いまや経済学者のほぼすべてが、海洋での乱獲、土地の富栄養化《ふ》、熱帯雨林の違法な開墾などについて、利用規則の決定のために政府の介入が必要だという立場をとっています。もっともアクチュアルでおそらくもっとも重要な具体例は、大気を二酸化炭素の捨て場所として利用することです。

大気の一部を所有することはだれにもできませんし、だれかが大気を利用するのを拒むこともできません。ある人、ある企業、ある国家が大気中に排出した二酸化炭素は、気候変動というかたちで、みんなに戻ってきます。アンフェアな行動を制限し、中期的にそれを撲滅できるような金額の炭素価格を導入すること、これこそが現在、国家に課せられた、将来を見すえた任務です。その際に重要なのは、公正な企業への財政支援だけではありません。新たな取り決めも必要です。その際には、個々の措置がそれぞれの領域のコストを上昇させるかどうかに注目するだけでなく、よき生活の重要な基礎となるもののコスト構造全体を視野に入れるべきです。

さまざまな財が希少になってしまえば、市場はどんな問題も解決できません。そして国家は、かならずしも自由を制限するものではなく、むしろ自由を可能にする場合のほうが、ずっと多いのです。〈新たな現実〉の諸問題を解決するには、二分された思考枠組みと手を切らなくてはなりません。どれほど難しく見えても、この星もふくめた希少な財を維持するため、グローバルな方法を見つけなくてはなりません。

第9章／公正

より多く与えることについて、私たちは多くを語る。より少なく受け取るということについては語らない。もっと何をしたほうがいいかについて、私たちは多くを語る。何をもっとしないほうがいいかは語らない。

作家・ジャーナリスト　アナンド・ギリダラダス

数年前、生態学者のシュテファン・ゲスリンクは、有名人の飛行機での移動について調査しようと思いたちました[54]。そういった人たちが気候変動にどんな影響を与えているか、あきらかにしたかったのです。興味深いことに、これを調べた人はそれまでだれもいませんでした。よくいわれるように、有名人は私たちの社会で成功をおさめた人、お手本として仰ぎみるべき人だとされています。こういう人は芸術家、俳優、スポーツ選手、経済界のリーダー、政治家などですが、仕事で有名になった人ではなく、有名であることが仕事の人も増えてきました。彼らは、いわゆるインフルエンサーとして、ブランドの認知を広めることで企業から報酬を受け取っています。

シュテファン・ゲスリンクはそのうち一〇〇人の、二〇一七年の飛行機での移動を分析しました。マイクロソフトの創業者ビル・ゲイツから、フェイスブックの会長マーク・ザッカーバーグ、歌手のジェニファー・ロペス、ホテル相続者パリス・ヒルトン、トークショーの司会者オプラ・ウィンフリー、そしてデザイナーのカール・ラガーフェルドまでが対象です。彼の利用したデータは内緒で手に入れるしかないと思うかもしれませんが、じつはSNS上に公開されたプロフィールから得られたものです。多くの有名人は、いつどこで何のために旅行したか、ツイッター、インスタグラム、フェイスブックなどで公開しているのです。いまや一部の人は、それで自身のイメージを維持しています。自分のライフスタイルを公開し、自分がスーパーリッチであることを誇示しています。逆に考えれば、スーパーリッチな人たちは、だれもがそんな生活をおくっています――まるで、どうお金を稼ぎ、その手始めにどうすればいいか、別のイメージやお手本は存在しないかのように。

写真共有のプラットホームであるインスタグラム上だけでも、調査期間中一〇人の有名人は、彼らの生活を知りたい人たちに合計一億七〇〇〇万以上フォローされていました。

「特に若年層は、〈世界を飛びまわる人〉というアイデンティティを、有名人のつくりあげた社会規範のひとつとみなしているようだ」とゲスリンクは述べています。

ビル・ゲイツは〈世界を飛びまわる人〉リストの筆頭で、調査によると二〇一七年に少なくとも三五〇時間、雲の上にいました。彼はプライベートジェットを好んで利用するため、一六〇〇トン以上の二酸化炭素が排出されました。リストの二位と三位、パリス・ヒルトンとジェニファー・ロペスの場合、どちらもたいていプライベートジェットで移動しますが、それぞれ一二〇〇トンと一〇〇〇トンの二酸化炭素を排出しました。

これは公正とどんな関係があるのでしょうか?

以前は、世界の裕福層のライフスタイルは、世界の貧困層、最貧層とはまったく関係がないと思われがちでした。一方は豊かで他方は貧しい、それを少しでも変えるべきだとすれば、貧しい者たちのほうが、豊かになるよう努力しなくてはならない、と。一方の側の富は、他方の側の生活からいったい何を奪ったのでしょうか?

科学は気候変動に関して正確な知識をもつようになり、二酸化炭素がどれだけ排出されると、地表の平均温度がどれだけ上昇するか、正確に予測可能になりました。また、この相関関係もうまく数値化できるようになりました。

二〇一五年、世界という共同体に属する国家のほとんどすべてが、パリでの気候変動会議に参加し、地球温暖化を産業革命以前の時代から「明確に二度未満」に制限することを取り決めました。その後に示された科学的な報告によると、さらに気温上昇を一・五度までにおさえられれば、気候変動の深刻さは緩和され、気候変動に適応するためのコストの上昇もおさえられます。この一・五度という制限を達成するために人類に許された二酸化炭素の排出量は、二〇一七年以降で計算すると、あと約四二〇ギガトンということになります。当時、人類は一年あたり四二ギガトンを排出していました。ですから、二〇二〇年初頭の時点で、この余裕はあと八年たらずで使い切られることになります[55]。それ以後、人類は気候に悪影響をまったく与えない生活をおくらなければなりません。つまり、〔二酸化炭素の〕新たな排出と、自然や海洋によって吸収される分が、つりあうようにする必要があるのです。八年足らずで、経済的、技術的、社会的に、歴史上おそらくもっとも大きな転換をなしとげなくてはなりません。

ごく控えめにいっても、これはほんとに、ほんとに、ギリギリです。

人間一人あたりに換算すると、地球が二〇二〇年初頭の段階で、前述した一・五度以上の温暖化を起こさないために許される二酸化炭素排出量は、四二トンです。

ビル・ゲイツに話を戻すと、これはどういうことでしょう。

ビル・ゲイツは、フォーブス誌のリストによると一〇八億ドルの資産をもつ、世界で三本の指にはいる富豪ですが(56)、この観点から見ると、三八人が生涯で許される二酸化炭素の排出量を、一年で排出していることになります。それだけの人が一・五度の境界を超えないで暖房、移動、消費のために排出できる量のすべてを、です。たった一人の人物が、自分のためだけに、SNSで見つけられるフライトだけで、たった一年で、です。

実際にはいまのところ、CO2排出枠をほとんど使わないようなライフスタイルをおくっている人たちもいて、その分をほかの人たちに使わせていられる、という状況です。もちろん、すべての仕事が同じ活動量ではありませんし、家族の一部が世界の反対側に暮らしている人もいます。ですからここで公正な公式を見つけることは簡単ではありません。そんな公式は決して存在しません。

しかしこの場合、あきらかに不公正なのは、こういった極端な排出者のうちほとんどだれも、自分のライフスタイルを真剣に問題視しようとしていない、という事実です。そして、その理由だと私が思えるのはただひとつ、彼らはこういったリソースを自分で確保する経済的手段をもっている、ということです。その経済的手段で彼らは、CO2排出枠を使ってしまった人たちにはできないことができます。気候変動に適応し、環境がまだ良好な場所に引っ越し、少なくなった食糧に高いお金を払い、家が破壊されても保険にカバーさせることができるのです。

さらに、気候変動とその原因がすでにわかっていた過去三〇年ないし四〇年のあいだに彼らの排出した分を差し引くことで、その正しい収支があきらかになるでしょう。生涯で計算すると、こういった人たちの二酸化炭素の排出は桁はずれで、彼らの排出分は毎年、何千トンもの二酸化炭素を吸収してやっと、二〇五〇年までに世界の平均的市民と同じくらいになります。

これは公正でしょうか?

これでつながりがわかったと思います。

前のいくつかの章で示したように、私たちは〈密な世界〉という現実を生きています。その世界のなかで私たちはこの星のかぎられたキャパシティーに合わせて生きていかなくてはならないのです。でも、こういう限界があることは、まだ人類に十分に意識されていませんし、人類の行動を制限してもいません。この限界に対処しようとする試みのほとんどは、私たちの生活様式を実際に修正するのに役立っていません。

その理由は、私の考えでは、きわめて簡単です。限界があることを認めれば、モノと、汚染する権利にもかぎりがあることを認めなければならないからです。ケーキをずっと大きくしつづけることはできないので、問題はおのずと、それをどう分けるか、ということになります。生態系にはかぎられた量の原料しかなく、かぎられた量のゴミと排出ガスしか受け入れられないので、問題はおのずと、だれがどれだけ使っていいのか、どれだけ捨てていいのか、どれだけ排出していいのか、ということになります。環境問題はつねに分配の問題であり、分配の問題はつねに公正の問題なのです。

一般になされている議論でこの公正の問題への回答とされているものを、私はいくつか紹介しました。

経済成長が公正につながる。

効率的な技術が公正につながる。

持続可能な消費が公正につながる。

これもすでに述べたことですが、これらの議論は、よく見るとどれも結局、ケーキはどんどん大きくできるという筋書きです。そしてまさにその点で、こういった議論は〈いつわりの現実〉からこしらえた耳あたりのいい話にすぎません。納得のいくものではありませんが、それでも私たちはこれを捨てられないでいるのです。この筋書きを語る人たちに悪意がないのだとすれば、彼らはただ単純にまちがっていた、といえるでしょう。しかし事実として、まさにこの筋書きのせいで、どうやったらこの星の資源を、与えられた限界に注意しながら公正に分配できるかという問いが、明確に立てられずに、未来へと先延ばしにされてきたのです。またもうひとつの事実として、この筋書きは、特に人類のうち、これまでこの星の資源を平均をはるかに超えて利用してきた層に有利にはたらいてきました。

それでも、残念ながらエコロジカルな目標は社会的な目標と対立する、という言葉がいまもなお、くりかえし聞かれます。

パネルディスカッションに同席した際に、この「深部にある目標の衝突」が引き合いに出されると、安堵ともいえる雰囲気が広がると感じたことが、どれほどあったことでしょう。まるで、あらゆることがどれほど難しいか、はじめて考えさせられた、という感じです。もちろん、ただちに実行できない、というのはあきらかですが。またパネルディスカッションでは、ほんとうに貧しい国々や人びとの声が代弁されることもまれです。エコロジカルな災禍では、彼らこそもっとも甚大な社会的、人間的な危機をこうむることになるというのに、です。また、過剰消費の国々の経済的弱者を引き合いに出して、何もしないままでいることが社会的な配慮であるかのようにいわれる場合もあります。私は二〇一九年のはじめ、フランスの黄色いベスト運動のデモを、おそらく政治家、企業のリーダー、さらには組合関係者までもが、心底ありがたがっているのではないか、という印象をもちました。このデモは化石燃料税の引き上げへの抗議でしたが、これは当地でのエネルギー転換のための政策でした。ですから、ほんとうの気候政策を人びとは望んでないのだ、と考えられたのです。

では、人びとはどんな気候政策を求めているのでしょうか？　気候政策を、未来志向の社会政策や進歩政策とどう結びつければ、背反《はいはん》すると誤解されているエコロジカルな目標と社会的な目標を、ひとつに結びつけられるでしょうか？　社会的公正は、もう一方の側、つまり上層からの歩み寄りによっても実現できるという見方はどこにいったのでしょうか？　持続可能な経済に向けた大きな変革への支持を得るのに、この変革は全員にかかわるものだと納得させる以外に、どんな方法があるでしょうか？――もしフランス政府が富裕税を引き下げれば、そういう気持ちは、控えめにいっても、ひどく削《そ》がれてしまうでしょう。

言い方を変えましょう。環境問題を、それが社会問題でもあるととらえずに、どうやって解決しようというのでしょうか？

アメリカのジョン・ロールズは二〇世紀の政治哲学を代表する最重要人物の一人ですが、彼は一九七〇年代初頭、分配問題に新たな視点を切り拓きました。彼の考えによると、この世界の根本問題は、決定をくだす者、つまり富と権力をもつ者が、現状と異なる権力とリソースの分配には、何のメリットもないと考えていることです。それに対し、別の分配で恩恵をこうむる人たち、つまり比較的貧しい者、たいした権力をもたない者は、変革への影響力をもたないか、もっていてもわずかです。その結果、公正のジレンマは根本的な解決ができず、強化されます。

このジレンマをイメージするために、「無知のヴェール」をかぶって考えるよう、ロールズは提案しました。その状態では、合理的に思考することはできますが、生まれる前のように、どんな境遇に生まれるかわかりません。どんな肌の色に、どんな性に、どんな国に、どんな家族に、そして――私からもうひとつ付け加えたいのですが――どの世代に生まれるか、まったくわからないのです。ビル・ゲイツの子かもしれませんし、バングラデシュのコメ農家の子かもしれません。そうはいっても、この思考実験で、世界でもっともリッチな人の子になることは考えにくく、世界のもっとも貧しい人びとの娘か息子に生まれることのほうがずっとありえることです。理由は簡単です。世界にはいつも、豊かな人より貧しい人のほうが、信じられないくらいたくさんいるからです。

この思考実験からロールズが引き出した問いは次のようなものです。世界のなかでどういうポジションになるかわからないとしたら、あなたは世界をどう設定したいと思いますか？

問題にこのようにアプローチしたとたん、あなたは体系的な視野に立つことになります。それによって私たちは目標への道筋を定め、個々の措置を別々に検討するのではなく、複数の措置を合わせて考えることができるようになります。というのも、ロールズによると、私たちはみんな、何が公正で何が不公正か、直観的に正しい感覚をそなえているからです。このことを科学は数字で裏づけることができるようにもなりました。

心理学者で行動経済学者のダン・アリエリーは同僚のマイク・ノートンとともに二〇一一年、アメリカ人を対象に、社会の富がどのように分配されるべきか、そして現状ではどう分配されていると思うか、たずねました。[57] この調査では人びとは五つの階層に分けられ、回答者はそれぞれの階層に富の何パーセントを与えるか、たずねられました。回答したアメリカ人の理想的な分配は、もっとも富裕な五分の一は富の三〇パーセントほどを得るが、もっとも貧しい五分の一も、少なくとも一〇パーセントは得るべきだ、というものでした。この点について性別、あるいは投票先が民主党か共和党かで、有意な差は見られませんでした。これに対して実際、富はこの社会でどう分配されているかという問いへの回答では、もっとも富裕な五分の一は六〇パーセント、もっとも貧しい五分の一は五パーセント以下を得ていると回答しました。

調査の時点で実際にどうだったかというと、もっとも富裕な五分の一はほぼ八五パーセント以上をもち、もっとも貧しい五分の一の取り分は、二番めに貧しい五分の一と合わせても、一パーセント以下でした。

言い換えると、現実のアメリカ社会は、そのメンバーが思うより、はるかに不公正なのです。

さらにこの調査以後、分配の不平等は急激に拡大し、新しい研究はつねに上位一パーセントの数値だけを取り上げるようになりました。アメリカではいま、家計資産の四〇パーセントがそこにあります。

そして世界規模でも全体としてほぼ同じ状態です。[58]

世界不平等研究所（World Inequality Lab）は、世界規模の不平等の動静を研究しています。二〇一八年に発表された世界規模の不平等に関するレポート——これは世界中の一〇〇人以上の研究者によるものです——によると、貧富の不平等は一九八〇年以後、地球全体で拡大しています[59]。世界のもっとも富裕な一パーセントはこの間、世界の資産の増加分のうち四分の一以上を自分のものにしました。もっとも富裕な〇・一パーセントは、この約四〇年間のあいだに、下位五〇パーセントと同じだけの額の資産を増やしました。

この結果は逆にして考えることもできます。グローバリゼーション以後、経済成長がつくりだした資産のうち、多くの貧しい者に届いたのはほんの少し、ごくわずかな富者にはとてつもなく多く、多数の中間層にはほとんど何も届かなかったのです。

また、この世界規模の不平等に関するレポートによると、積極的な分配政策と社会政策をとった国々では格差の開きはそれほど極端ではありませんでした。つまり貧困の撲滅は、何かの副次的効果としてではなく、実際の政策目標として据えられれば、比較的早くすすむのです。それに対して私たちはみんな、上げ潮はすべての小舟を持ち上げるという、無制御の〈トリクルダウン〉効果を頼みにしています[60]。不平等を減らすための方法は、ひたすら成長しつづけることではまったくないとしたらどうでしょう？財、リソース、機会の分配が理想と思われる状態に近づくよう、だんだんと舵をきることを、いますぐ始めたらどうでしょう？

たとえばその第一歩として、世界中の国内総生産の一〇パーセントを一度、あまり購買力のない人びとのために、医療システム、教育機関、回復力のある農業、再生可能エネルギーの供給の構築などに使うという案があります。

その額は八兆二〇〇〇億ドルになるでしょう。

多すぎるでしょうか？

どこからこれをもってくればいいのでしょう？

経済学者のガブリエル・ズックマンの試算では、これは世界の資産家が租税回避地に実際に隠している金額にあたります。[61] 税金が免除されるのは、通常、そのお金が公益となる投資に流れるようにするためではないでしょうか？ この金額に一度だけ、多くの国で標準の税率、たとえば三〇パーセントをかけるとしましょう。すると二兆七〇〇〇億ドルが世界の公共の手に渡ります。これだけの予算があれば、国際的な国家の共同体は、生存に必要なサービスに多くの支出ができるでしょう。これはズックマンが著書『失われた国家の富』であきらかにしたことです。

ではこのアンバランスを、どうすれば調和した状態に戻すことができるでしょう？ またはその第一歩として、解決策を見つけるべく、このアンバランスについてもっと正直に語ってみてはどうでしょう？

もう一度、ビル・ゲイツのような人たちを見てみましょう。彼らを例にとると、システムそのものに目を向けずに、システムの誤作動が生み出す症状だけを直そうとしたときに起きる、多くの困難を示すことができます。ビル・ゲイツの財産は相続したものではありません。彼の企業家としての豊かな発想の結果です。世界のほとんどだれもがマイクロソフトの製品を知っているか、使っています。彼の個人財団は、預金額が三〇〇億ドルを超える世界最大の個人財団ですが、それをつうじて彼は妻リンダとともに長年、エイズ、結核、マラリアなどの病気のワクチン開発をおこない、アフリカの農業の改善に取り組んでいます。彼らは、民主的に選ばれた多くの政府以上に、健康、教育、食料に関するプロジェクトに多くの資金を費やしています。

だとすれば、ビル・ゲイツがプライベートジェットで毎年排出している二酸化炭素は、よい投資ではないでしょうか？　世界各国の政府が十分に解決していない問題に彼が取り組んでいるのはすばらしいことではないでしょうか？

もちろん、こういう問題に取り組むのは立派なことです。しかし、政府は野党、裁判所、有権者にチェックされますが、ビル・ゲイツの財団は、だれのために、だれと協力して、どんな取り組みをおこなうか、彼ら自身で決めます。この財団は自分のやり方、協力の仕方を定めています。「グローバル・ジャスティス・ナウ」という組織によると、この財団はモンサントのような化学コンツェルン、カーギルのようなグローバルな穀物企業にアフリカ市場への道を拓き、モンサントやマクドナルドといった企業の株を過去に（また、いまも）所有していましたが、これも財団自身で決められるのです。[62]

アメリカのジャーナリスト、アナンド・ギリダラダスが二〇一八年出版の著書『ウィナーズ・テイク・オール(Winners Take All)』――勝者の総どり――で調査したのは、こうした慈善事業《フィランソロピー》が一種の免罪符となり、政治的枠組み、富の分配、自身の分配上の特権のほんとうの変革につながっていない、ということです。

「私たちの時代の勝者たちは、公正を実現するには、ほんとうなら彼らの一部は負けて、犠牲を払わなくてはならない、という考えがお気に召さない」と彼は述べます。自分たちは特権をもっていて実際には不公正な立場にいる、公正にもとづくならその地位を返上しなくてはならない、という考えは、彼らからはあまり聞かれない、というのです。彼らは何かよいことをするよう求められ、それで感謝されると満足します。「しかし、彼らは自分たちの引き起こす害をもっと減らすべきだ、とはいわれない」(63)。

気前のよさは、それだけでは公正とはいえません。

そして再分配には、一方の人たちは自分のものをいくらか差し出さなくてはならないのに対し、もう一方は彼らより成功しておらず、賢くもなく勤勉でもないと見下されてしかるべきだ、という感じがつねにつきまといます。でも、トップの経営者たちは一九八〇年代以後、平均一〇〇〇パーセント賢く、仕事熱心で勤勉になったが、彼らの会社の平均的な従業員は一二パーセントしかそうならなかった、というのは無理のある話ではないでしょうか?　しかし、一九七八年以後の収入の分配は、まさにそうなっているのです(64)。トマ・ピケティによる実証的な労作『二一世紀の資本』も、分配の不平等の拡大の要因は、経営者がとんでもない生産性を発揮したことではなく、国家の課税のルールにあると見ています。また、ある会社の高所得者は別の高所得者の会社の役員会に所属し、それによってたがいに便宜をはかりあう構造があるという事実も、ピケティは指摘しています。

公正とは、分配の公正だけを意味しません。機会の公正もふくまれます。人間のさまざまな欲求にふさわしい生活をおくる機会が平等で、そのための条件に影響を行使する機会も平等にあることです。

この考え方は、国家間にも適用できます。

ワールド・リソース・インスティテュートはしばらく前に、産業化が始まって以降の二酸化炭素排出量を国ごとに示したグラフを公表しました[65]。それによると、アメリカは一八五〇年から二〇一一年までの世界の累積排出量のうち二七パーセント分に責任があり、次がイギリスをふくむEUの国々で、二五パーセント分でした。中国やロシア、インドなどの国は、大きく間隔をあけてやっとそれにつづきます。北半球で地球温暖化に対して何かを実行しても、あるいは少なくとも実行可能なことがあっても、こういった新興国の途方もないエネルギー需要のせいでどうせ帳消しになってしまう、といわれることがありますが、このデータはそういう主張を相対化します。

このグラフが示すように、私たちの発展の推進力は、ずっと以前から世界の気候への負債でまかなわれてきたのです。そして人類はこのローンを長期にわたり、ずっと背負いつづけるのです。この事実から導かれる結論が、中国などの国々が、少なくともアメリカと同じだけの二酸化炭素を排出しなければ、公正が成り立たない――だからといってアメリカは、これまでどおりの生活をつづけることを突然やめたりはしないでしょうが――というものでないとすれば、何か別のかたちで国家のあいだでの埋め合わせを考えるほかないでしょう。

この埋め合わせにはどんな可能性があるでしょうか?

アマゾンの熱帯雨林について考えてみましょう。ヘルムホルツ環境研究センターの調査によると[66]、そこには七六〇億トンにもおよぶ炭素が蓄積されていて、毎年、六億トンの炭素があらたに吸収されています。アマゾンの熱帯雨林は気候変動との戦いにおける重要なファクターであり、国際社会にとっても重要な存在です。ですから、フランス大統領のエマニュエル・マクロンが、二〇一九年のような何千もの森林火災によって、地球のこの緑の肺の一部が破壊されることに懸念を示すのは、不思議ではありません[67]。しかしその反面、この熱帯雨林の大部分はブラジルの国土にあるため、大統領のジャイール・ボルソナロは、ブラジルはこの火災をもっと早く、確実に消し止めるべきだという他国の政府首脳の発言を内政干渉だと受けとめます。

古くからおなじみの争いです。

ブラジルは、巨大な国内総生産をほこる西洋先進国との経済的つながりを求めています。一人あたりの収入がブラジル並みの国々は、国際的に「新興工業経済地域」と呼ばれ、先進国クラブの仲間に入ろ

う と押しよせています。そのためにブラジルは熱帯雨林にも手を伸ばし、木材や地下に埋蔵されている原料を獲得し、森林を農業用耕地に変え、まず肉牛用の牧場とし、それから大豆栽培の耕地として利用したいと考えているのです。ブラジルは世界第一位の牛肉の輸出国で、世界第二位の大豆輸出国です。この大豆は、すでに述べたように、ドイツの牛や豚のエサになります。ちょうどヨーロッパは南米と一連の協定、いわゆるメルコスール協定を結び、貿易を容易にしました。[68] [69]

この状況でヨーロッパは、道徳的な指摘と脅迫で強さを示せるでしょうか？ それとも、そういう態度はむしろ滑稽に映るでしょうか？

また、ブラジルの計画を責めることができるでしょうか？

ドイツやイギリスのような国は、自分たちの国土の原料を、外部のだれからも止められることなく、好きなように絞りとってきました。もし彼らが地中の石炭に手をつけなければ、現在の大気中の二酸化炭素濃度も低かったことでしょう。

韓国の経済学者ハジュン・チャンは二〇〇二年に出版した『はしごを外せ』という本で、北半球の先進国が、自身が成長したのとまったく同じ方法を、発展途上国に対しては禁じている、と述べています。自国経済を保護するための高い関税、海賊版の製造、基幹産業への集中――これらはすべて、アメリカ、イギリス、ドイツあるいは日本などの国々がかつて利用し、また、さらなる成長のために、今日もおこなっていることです。

「権力の頂点にのぼりつめたら」、とハジュン・チャンはいいます、「のぼってきたはしごを外してしまうというのは、なかなか賢い考えだ」[70]。

世界の破壊がゴールである駆けっこから、どうすれば抜けられるでしょうか？　どうすれば、敵対しあうのではなく、ふたたび協調しながら行為し、社会的目標とエコロジカルな目標を結びつけられるような公正の理解を見つけられるでしょうか？

その解を見つける方法は、未来から考えることだ、と私は思います。しかも系統的に、です。というのも、ジョン・ロールズの無知のヴェールについて見たように、分配の公正についての私たち一人ひとりの考えは、いったんおたがいを直接比べることをやめれば、わりと似かよっているのですから。

かりに、アメリカ人の考える理想的な分配を採用すれば、彼らが世界の最貧層二〇パーセントに割りあてるべきだとした世界の国内総生産の一〇パーセントは、租税回避地《タックス・ヘイヴン》にある八兆二〇〇〇億ドルにあたります。これは、一人一年あたり一万ドルほど、一日あたり二七ドルです。「人間とふるまい」の章〔第4章〕で議論した、極貧の下限を一日あたり七ドル四〇セント、または一五ドルに設定するという考えは、そんなに的外れではなさそうです。一日あたり一ドル九〇セントという世界銀行の指数のほうが、ずっとズレています。この一ドル九〇セントという基準を満たしたシステムを、最上層の状態も見ずに正当だというのは、上層にいる人たちだけです。たぶんロールズもそう考えるでしょう。

グローバルな持続可能性を表現するスローガンは、「だれも置き去りにしない」というものです。かぎりのある星では逆の考えも成り立ちます。つまり「だれも逃がさない」ということです。

さらにこの方式にしたがえば、「見えざる手」をつうじて多くの人によい結果をもたらす取引が、持続的に成り立つ条件に近づくこともできます。オリヴァー・リヒタースとアンドレアス・ジーモナイトは彼らの著書『市場経済を修繕する』で次のように述べています。「財産は責任を保証し、怠慢を阻む。この機能は正しいし、重要だ。しかし財産は絶対のものではない。なぜならそれはまず、個人的機能ではなく社会的機能を果たすべきものだからだ。財産は蓄積ではなく、見知らぬ者のあいだでの分業を可能にすべきものだ。財産の限界は、他者の自由が制限されるところ、つまり過剰に権力が蓄積され、種をまかずに収穫するという事態が不可避的に引き起こされるところに設けなくてはならない[71]」。

さらに、上限を設けることは上層の救いにもなる、というのは、けっしてばかげた考えではありません。そういう調査を多数の社会科学者が数年来、共同しておこない、ティム・カッサーがかつて物質主義の心理的作用と述べたことを証明しました。つまり、社会は機会の平等からはずれ、価値をお金、所有物、名声だけで表現する方向にすすんでいる、というのです。この問題が、機会の分配と福祉に歪みを抱える社会と組み合わさると、裕福な層にも多くのストレスが生じます。

二〇一九年にダニエル・マルコヴィッツが書いた本は、マイケル・サンデル*と同じように、なぜこの種の業績主義がすべてを台無しにしているか、そして最上位の稼ぎ手が、ステータスを示す消費のうちでも最上のサービスとライフスタイルを手に入れるためにどれほどのお金をついやさねばならないか、を描いています。彼らはそのために生活のすべてをささげ、自身の健康についても疑問を抱いています。こうした努力は幼稚園の年ごろに、エリート要請機関にはいるところから始まります。その後、エリート校の生徒は、普通の学校にかよう同年代の子どもの三倍のストレスを示します。シリコンバレーでは、ハイスクールの生徒のうち五四パーセントがうつの兆候をもち、八〇パーセント以上が中程度から強度の緊張の症状を示しています(72)。ある銀行員の仕事は九時から五時、つまり朝の九時から次の朝の五時までつづきます。多くの者が仕事の意味を見失い、また家族、友人、健康のための時間も失っています。

でも「最上層」とのつながりを失わないためには、収入は欠くべからざるものです。

上限を設けるというのは、具体的にどういうことでしょう？

十分に累進的な課税と、まっとうな独占禁止法です。

そうすれば、公正は社会的な目標であるとともに、生活の質の実感と社会の結束を確保する手段にもなります。

では、健全なシステムをめざす未来志向の視座は、環境問題にはどのように適用できるでしょう？

アマゾンの熱帯雨林の例では、ラファエル・コレア大統領ひきいるエクアドル政府によって、広く交

＊　アメリカの政治哲学者。著書に『それをお金で買いますか――市場主義の限界』『実力も運のうち――能力主義は正義か？』など。

渉された協定があります。この協定は、エクアドルがヤスニ国立公園の石油の採掘をおこなわないよう、豊かな国々が拠出して基金をつくる、というものです。結局、このアイディアは不信を買い、挫折しました。基金を使いきったあと、エクアドルが石油の採掘をおこなわないことが不確実だとされたのです。しかしそれは政治的意思の問題で、よい仕組みを見つけられるかどうかという問題です。ブロックチェーン*のような新しい技術を利用して、〔一度に払うのではなく〕持続的に送金する、という方法もあったでしょう。社会的目標とエコロジカルな目標に利益相反はありません。むしろその逆です。

この方向での別の構想が、たとえば地球大気トラスト（Earth Atmospheric Trust）で、これはノーベル経済学賞を受賞した、エリノア・オストロムを中心とするエコロジカルな経済学者たちが提案したものです(73)。個人がCO2排出の持ち分を超えたらそれに相当する額をトラストに払い込みます。集まったお金の一部は無条件にみんなに支払われます。残りはエネルギーシステムの改編のための投資に使われるか、気候保護のための他のプロジェクトにあてられます。比較的貧しい人たちは二酸化炭素をあまり排出しないので、それだけ利益を得られるでしょう。ドイツのカーボン・プライシングについても同様の提案がありましたが(74)、あらゆる方面の経済学者の無理解のために否決されました。

しかし、いわゆるヨーロピアン・エフォート・シェアリング――これは「負担の分かち合い」と訳すことができます――のEUメカニズムは、具体的に排出権取引でこのモデルを採用しています。ドイツは、気候変動への政策をすみやかに変更しなければ、近隣諸国に六〇〇億ユーロにのぼる罰則金を支払うことになるでしょう(75)。

こういった政策はすべて、今日のところはまだ、みなさんにはなじみのないものかもしれません。でも、そのメカニズムを、大規模なかたちで導入することが必要だと、私は確信しています。また、私はそこには未来志向の考えがこめられていると思います。過去に資源を集約的に利用して発展し、今日、ほかの人以上のことができる資産や能力をもつ者であれば、実行しなければならない、という考えです。なぜならほかの人たちはもう、大量の資源を採掘して楽に発展することはできないからです。これこそ、気前のよさではなく、公正です。

私たちは危機の時代に生きています。そして危機の時代には、個人として失うものにはこだわらない、ということがとても重要になります。私たちはそういう場合、現にあるリソースの共同利用によってできることに焦点を合わせます。

例として、何年か前のエルベ川の氾濫《はんらん》を考えてみてください。危機がおそうと行動の選択肢も生まれ、だれもが自分のものを提供します。土のう、トラクター、トラック、住居、肉体労働、情報、お金、コーヒー、お茶、サンドイッチなど——自分が差し出せるものをです。

私たちは今日、何をすればいいのでしょう?

土のうが大きすぎる、トラクターが小さすぎる、トラックの緑色が濃すぎる、泊めろなんてずうずう

＊ コンピュータの分散型ネットワーク、暗号技術を組み合わせ、取引情報などのデータを同期して記録する手法。

しい、情報はまだ一二〇パーセント確かではない、補償金が川からの距離に見合っていない、コーヒーが薄すぎる——私たちはやかましくいいあいます。残念ながら、得られるものはたいしてありません。でも水はやってきています。

でも、だれもが何か差し出せば、なんとかよい方向に向かうのです。

公正は、地球規模で機能すれば、持続可能な経済のあり方の鍵となります。それによってのみ、エコロジカルな問題と社会的な問題の衝突を防ぐことができます。両者はひとつの問題で、合わせて考えないと解決できません。この新たなタイプの公正のためには、成長の物語という聖なる牛を屠《ほふ》り、別の道を行かなくてはなりません。そうすれば、ますます手に負えなくなっている成長物語の副作用から自由になることもできるでしょう。

第10章／思考と行動

今日の私たちの時代は、「お金によって**意味**を**獲得**するという**偉大な夢**」によってかたちづくられていると**考える人**たちもいるが、そこには**次**のような**揺**るがしがたく、**心地悪い感覚**がつねにつきまとう。それは、**創造の手順**を**最適化**し、**生産性**を**最大化**しなければならないという**強迫観念**によって、**私**たちはつねに、**生**というすばらしい**神秘**との**結**びつきを**忘**れさせられている、という**感覚**だ。

作家　マリア・ポポーワ

二、三年前、私たちは、当時働いていたヴッパータール研究所で、どうすればエネルギー・システムを持続可能な方向に改編できるかというテーマで連続セミナーをおこないました。参加者としてヨーロッパ中から若い意思決定者をまねきました。彼らは企業、地方自治体、政府、市民団体などに所属する人たちで、まさにこの改編を戦略的に共同ですすめるという課題に直面しています。彼らに目を向けてほしかったのは、私たちはみんな特定の条件のなかで決定をくだすのだという、それ自体としては単純な事実です。この条件は、何が現実的で、何が可能で、何が望ましいかと考える際の枠組みとなっています。それはちょうど箱のようなもので、私たちは日常、その箱の中で考え、行為しています。イノベーションのプロセスで助けになるのは、ちょっと箱の外に出て考え、新しいささやかな変化のための新たなアイディアを得ることだけではありません。距離をとって、外からこの箱をながめることも有益です。ひょっとしたら、この箱自体のどこかを変えられるかもしれないと思いませんか？

私たちのセミナーの内容は、そのための科学的な知識を参加者に与え、新たな視角を示すことでした。そのような比較的大きな変革のプロセスにうまく着手し、がまん強く継続する方法について、参加者がよりよく理解できるようにしたいと考えました。終わりに近づくと、少なくとも私の印象では、参加者の大多数が、自分の仕事場に戻って新しいアイディアを実行にうつそうと燃えていました。

私が「陰鬱な月曜日」の話をしたのは、そういうタイミングでした。〈陰鬱な月曜日〉というのは、ある催しや講演で新鮮な刺激を受け、インスピレーションが湧き、これまでとちがう、新しくやれることのアイディアで頭がいっぱいになったときに起きる、だれもが知っている現象です。でもその後、あなたは同じ組織にいて同じ目標、同じプロセス、同じ会話、同じ会議を相変わらずすることになる、すべてはこれまでどおり。セミナーの参加者たちに、この瞬間への心の準備をしてもらいたい、と私たちは考えました。

あなたにもその心の準備をしてもらいたいと思います。

私の望むこと、私がこの本を書いた目的が果たされていれば、あなたはいま、しばらくのあいだ箱の外にいます。あなたは私たちを取り巻く世界に対してちがう見方ができるようになっているでしょう。ある種の話はもう信用せずに、物事の別のつながりを見つけ、これまでのあなたもふくめ、みんなが同意してきたいくつかの問題に異議をとなえたいという衝動を感じているでしょう。さらに、私の望んだことがうまくいっていれば、あなたは、持続可能な未来への道をどう歩めばよいか、いくつかのアイディアを手に入れたかもしれません。それは自然と人間が融和する未来です。今日、私たちはさまざまな要因のせいで、最大多数の最大幸福をもたらさず、私たちみんなの幸福を左右する生活基盤を修復できない生活様式を強いられていますが、そういった要因が、大小問わず、すべて作用しなくなった未来です。私たちが、ふたたびよりよく分かちあい、あるものだけで満足するすべを身につけた未来です。

でも目を上げてみれば、世界は相変わらず以前のまま。あなたがいろいろな仕方でかかわる人たちもまた同じで、すべてをいまあるがままにしておきたいと思っているかもしれません。

これがあなたの経験する〈陰鬱な月曜日〉です。

ではどうすれば、新しく考えた世界へと変えていくことができるでしょうか？

この本を読んで、世界を変えなくてはならない、という私の考えに、あなたが同意してくれることを願います。〈これまでどおりつづける〉ことは選択肢にはなりません。それではあまりにも深刻で好ましくない結果をまねくからです。私たちがまったく何も変えなくても、多くのことが変わっていきます――ただしよい方向にではありません。今後三〇年、盲目的な経済成長を妨げないという条件で、最低限の変革として何を実行すべきか議論し、合意に達するあいだも、私たちの経済システムは休むことはありません。私たちはみんな網の目のように張りめぐらされたシステムの一部で、望むと望まざるとにかかわらず、何かを変えても変えなくても、影響を与えないものは何もないのです。それはまた、私たちにはさまざまな変化を、意識した方向に向けるチャンスがある、ということでもあります。正確にいうと、私たちにはチャンスがあるだけでなく、そうする責任も負っています。私たちはみんな日々、私たちが世界に望む変化の一部をになうことができます。たとえこの変化が、はじめはまだ小さく、かすかに感じとれるだけのものだとしても、です。

もちろん、あなたが本を一冊読んだだけで、世界が別のものになるわけではありません。もちろん、私が本を一冊書いただけでも、同じことです。私は先進大国の政府のトップでも多国籍企業の経営のトップでもありません。たぶん、あなたも同じだと思います。たとえそうだとしても、そんな権力や影響力だけでは、私たちのシステムをふたたび健康な足で立たせることはできません。権力や影響力のある人たちも、話してみると、イノベーションと投資を急変させ、長期的に有効だと信頼できる強力なルールを探しています。本書で私はこれを、社会契約と呼びました。こうしたかたちの共通善のために未来志向の責任を引き受けることを、私たちはこの共和国の市民として求め、またみずから示すべきでしょう。

というのも、民主主義とは、私たちができることを何もしないで、ただ投票日を待ち、政府や企業に導いてもらわなくてはならない、ということではないからです。それは、だれかが政府のトップや大企業の経営者だからといって、おのずと何かするわけではない、という経験からもわかることです。重要なのは、多くの人が真剣にそうしようと思うことです。つまり、みんなの問題なのです。出発点となるのは、先に述べた箱を私たちが一度じっくり見つめ、何が意味のあることか、何が目標につながるか、どんな信条、習慣、モデルにしたがって、数ある方向のうち、次の一歩をどちらに踏み出すべきか、よく考えることです。

〈新たな現実〉に関する章〔第2章〕で、宇宙飛行士が私たちの星を宇宙からはじめて撮影した話をしましたが、そこで示したのは、私たち人間が、あることがらについてもつイメージがどれくらい大切か、ということです。イメージによって、ことがらへと近づく方法、ことがらを取りあつかう方向、私たちがことがらと取り結ぶ関係が決まります。私たちが地球をどう見るか、地球の自然をどう見るか、私たち人間が何であって何でないか、進歩は何の役に立つのか、技術は何のために用いられるのか、何が公正だと思えるか、これらのイメージのなかに、世界で可能なこと、可能でないことを解釈する決め手があります。

私が招待したのは、こういったイメージのいくつかを問いなおすことでした。

私たちの世界を新たに考えることは、私にとって、ゲームの流れを切るためにタッチラインの外にボールをけり出すことに似ています。際限のない資源採掘のベルトコンベアをすぐには止められないとしても——それはとてもばかげた、あまり望ましくない展開でしょう——、再生のサイクルをつくりだそうという明確な決意や創意、勇気、信頼を育てることはできます。そのために必要なのは少数の権力者ではありません。私たちみんなが何か貢献できるのです。この本が「私たち」という表現でいっぱいなのは、そういう理由からでもあります。

たとえあなたが私に同意できない点がたくさんあっても、私たちはみんな網の目のように張りめぐらされたシステムのなかにいて、そのくいちがった考えでたがいに結びついているのです。そのくいちがいをめぐって口汚くどなりあい、怒りくるい、ののしりあうこともできます。実際、そういう傾向は現在も見られます。でも私たちが選ぶのは、私たちにとって何がほんとうに大切か、すでに意見を同じくしている点はどこか、ある考えをどういう意図で語っているのか、たがいに学び、誠実に特定していくことです。つまらないことだと思えるかもしれませんが、だいたい子どもたちはそんなふうにして託児所で学んでいきます。その場合、ケンカしないことはまったく重要ではありません。それぞれの立場にありながら、〈私たち〉という見地に立って、自分を少しだけ小さくすることが大事なのです。

何かについてほかに選択肢がないとだれかが熱心に主張するときには、よりいっそう正確にその主張を問いなおすべきです。私が重視するのは、まさにその正確さです。性急な回答、乱暴な数値化、複雑な略語や隠語に丸めこまれないようにしてください。また、「心のあったかい人だねえ」といった答えにも丸めこまれないでください。あなたの問いなおしが堂々めぐりでいら立ちを引き起こすとしたら、それは深く考えるよいチャンスで、効果があったということです。ある社会でどんな堂々めぐりが効果を発揮するかによって、社会の発展の方向が変わります。そのときに満足な回答が得られなくても、何らかの効果は残ります。そういう効果を私たちみんなが意識し、実行にうつすことはできますし、そうすべきでしょう。

危機の時代に自分たちが収まっている箱を問いなおし、その外に出て考え行為することで、箱のどの部分をちがうものにできるかが、あきらかになります。箱を強く揺さぶると、それだけ新たに考える勇気もわいてきます。今日、私たちにはたくさんの勇気が必要です。

民主主義の社会では、政治の勇気だけでなく、政治を後押しする住民の勇気も必要です。なんでもお金に換算する習慣を打ちやぶり、目的への手段にすぎないお金を私たちの価値序列の最上位から追い落とすことは、困難な課題でしょう。持続可能性のない発展の根本的な要因は何かという議論で、あまり注目されていないものがあるとすれば、それは私たちの世界、私たちの関係の金融化です。分業、協働、価値創造、価値評価を総括し、表現する可能性はほかにもたくさんあります。お金だけで価値判断するモノカルチャーによって、私たちは現在、かなり危うい状態におかれています。したがって、持続可能な社会のための中心課題は、環境省、開発省、社会福祉省だけでなく、財政省と経済省にあります。彼らが現在、さまざまな数字と構想に対する主導権をもち、それらによって箱の壁が築かれているのです。

また消費者は買い物の際、これからのことを考えたイノベーションを起こす企業を支え、発展させようと考える勇気をもつようになっています。メディアは、さまざまな法律の目的と効果について、また経済的成功のさまざまな側面について、よりきめ細かく報道する勇気をもつようになっています。大企業は社会的な価値創造やエコロジカルな価値創造もその収支決算に繰り込もうという勇気をもち、投資家はその種の価値創造を優先しようという勇気をもつようになっています。自治体の長は、市民とともに都市計画をおこなう勇気をもち、文部大臣や学校長は、二一世紀に必要とされる明晰さ、能力、勇気をもたらすような知の内容を学校や教科書に取り入れる勇気をもつようになっています。

自身の活動が効果を発揮したという経験は、危機にあって、受動的な拒否反応を積極的な解決策の案出へと切り替える最良の手段です。自身の活動の有効性を相互了解と協働のために活かすことができれば、もっと多くの人たちの活動が、あなたがいま夢見ているより、ずっと活発になるでしょう。

セミナーの参加者の前を去るとき、彼らがもとの仕事場に、そこを変えに戻る前に、私たちはいつも三つのアドバイスをします。

つねにあたたかく、がまん強く、そして決してあきらめないでください。先にすすまなくなったら、いったん引き返して箱をながめ、ほかのアプローチがありうるかどうか、調べてください。変化を起こすには多くの入口があります。それはビジョン、言葉、数値、インセンティヴ、ものごとのすすめ方、オフィスの形態、同僚の文化などに潜んでいる場合があります。外部の専門家の講演、先駆者の成功事例や新しい協力関係なども好まれる手段です。

いっしょに闘う人を探してください。カミングアウトすることは、それ以前に考えていた以上の結果を生むことを約束します。あなたの目標を表現するようなひとつの言葉、ひとつの対策、あるいは新しい組織のかたちを探してください。日常を語るストーリーが、古い概念から切り離されればそれだけ、新しい方向がはっきり見えるようになります。いつでも複数の道があるでしょう。箱をつくりかえる際には多くのヒーロー、ヒロインが活躍します。さまざまな能力やはたらきを評価することが大事です。また肯定的な成功例を共有し広げること、あるいはものごとが変な方向にすすんだときには、それを素直に認めることも大事です。

そして、〈陰鬱な月曜日〉に打ちのめされないでください。一週間には、〈陰鬱な月曜日〉よりたくさんの日があります。だから、自分自身にあたたかくあること、次の心理学と幸福研究からの知見を心にとめることがとても重要です。それは、あることがらについて自己の内側から発する衝動は、外からの同意や励ましよりも信頼のおける駆動力だ、ということです。問題意識がまだ広がらず、十分な大きさにならないうちは、外からの励ましは当初はたいてい弱く、特に箱をつくりかえるという大きな改革の過程ではそういうものです。この感じは私もとてもよくわかります。あなたの力でできることに集中して、ほかのことをあまり気にしないように――あなたのしていることに対するまわりからの嫌な反応も。最初の意図から離れないようにしてください。それ以上のことについて責任を負うことはできません。それだけでも、十分にたいしたことなのです。

そして最後に、とても大事なことを。ユーモアと笑いをはぐくんでください。これは絶対になくしてはいけません。未来をつくるということは、生きつづけるということです！

もちろん、私たちが古い考え方やストーリーを手放すことで、どんな世界が生まれるか、だれも確かなことはわかりません。でも、私たちが決断するとき、適量の私欲と同じくらい全体の健全さに目を配れば、〈小さな決断の暴政〉から脱してすぐに別のストーリーが生まれるでしょう。全体の総和はその部分以上のものです。*

＊「全体は部分の総和以上のものである」と言い方が一般的だが、ここではそれをふまえながら、個人の全体への配慮の重要性を強調するため、この表現がとられている。

謝辞

この本には個人的な思いも詰まっていますが、そういう本をつくるには、個人的な同伴者が必要です。ウーヴエ・シュナイデヴィントとトマス・ヘルツルから私は大きな励ましとサポートを受けました。ウルシュタイン社のマリア・バランコフとユリア・コジツキは優秀で、たえず私のかたわらにいてくれました。彼らみんなに感謝します。連邦政府学術諮問会議の職場のチームにも、私の不規則な勤務時間を寛容に許してくれたことを感謝します。いっしょに「成長と発展」の章に磨きをかけてくれたヨナタン・バルトにも心から感謝します。ターニャ・ルチツカは明晰なまなざしとあたたかな笑顔を備えた編集者で、どんな時間でも忍耐強くつきあってくれました。私は彼女にポジティブ心理学大賞を授与しました！

母にもあらためて深く感謝します。母は、こちらでたくさんの課題が同時並行し、システムに過剰な負荷がかかると、ただちに出動してくれました。父も二〇一九年には信じられないほど善意で寛大なサポーターになってくれました。あなたたちはサイコー！

訳者あとがき

――新型コロナ禍の影響で、世界的に温室効果ガスの排出は減っている。中国でのCO2排出は二億トン、二五パーセント分減少したという（https://wired.jp/2020/03/26/coronavirus-emissions/）。

――フォーブス誌が二〇二一年版の世界長者番付を四月六日に発表した。首位は四年連続でアマゾン・ドット・コム創業者のジェフ・ベゾス。保有資産は株価上昇により前年から六四〇億ドル増加し一七七〇億ドル。二位は電気自動車メーカー、テスラのイーロン・マスクCEO。前年三一位だったが株価の急上昇で順位を上げた。資産一〇億ドル以上の超富裕層は二七五五人で、六六〇人増え、合計資産も前年の八兆ドルから一三兆一〇〇〇ドルと大幅に増えた（https://www.nikkei.com/article/DGXZQOGN06EBS0 W1A400C2000000/）。

――コロナ後の経済復興策として〈グリーン・リカバリー〉が世界的に注目されている。脱炭素で循環型の社会をつくるための投資によって経済を刺激し回復しよう、というものだ（https://www.nhk.or.jp/gendai/comment/0008/topic044.html）。

この文章を執筆している時点（二〇二一年五月）で、世界はいまだ新型コロナ禍の渦中にある。ワクチン接種がすすんではいるが、変異株による感染拡大も並行しており、まだ収束の見通しは立たない。

刊行後まもなく本書を手にとった読者は、ページをめくりながら、今回のパンデミックのことをさまざまに思うだろう。新型コロナ禍以前に書かれた本書に、この問題への言及はない。しかし、このパンデミック中に起こっている右のような事態をどうとらえるべきか、現今の危機のずっと以前から進むもうひとつの危機を乗り越えるために私たちは何をすべきか、それを考えさせるのが本書だ。

＊

本書の原著は二〇二〇年二月にドイツで刊行された。より学術的な論点にフォーカスした二〇一六年刊行の第一作 »The Great Mindshift. How a New Economic Paradigm and Sustainability Transformations go Hand in Hand«（発想の大転換――新しい経済パラダイムとサスティナビリティはいかに両立するか）につづく、一般読者向けの著作である。刊行直後よりドイツでは大きな話題になり、同年に刊行されたノンフィクション中三位、確認できたところまで一六万部売れたとのことだ。原題 »Unsere Welt neu denken. Eine Einladung« を直訳すると「私たちの世界を新しく考える――一通の招待状」となるが、本書の内容とメッセージがより伝わるようにと考え、タイトルを『希望の未来への招待状――持続可能で公正な経済へ』とした。

著者のマーヤ・ゲーペルについては、第1章をはじめ各所に個人史的な言及があり、また、枝廣さんによる巻頭の文章に描かれた、世界を変えようとする情熱と魅力的なパーソナリティは、本書全体からも伝わってくる。一点だけ記しておくと、彼女は本書の執筆時に所属していたヴッパータール環境・機構・エネルギー研究所から、二〇二〇年一一月より、ハンブルクに新設されたその名もザ・ニュー・インスティテュート（The New Institute）の研究主任に就任している。ウェブサイトによると、このシンクタンクは、エコロジー、エコノミー、デモクラシー、人間の条件についての喫緊の問題を研究すると同時に、必要な行動を分析し、分析にもとづいた行動を広げるために、世界中のアクティビスト、アーティスト、起業家、政治的意思決定者、ジャーナリストなどをネットワーク化する変革のプラットフォームとなることをめざしている（https://thenew.institute/en/what）。

彼女の紹介のページには次のような一問一答がある。

——希望を与えてくれるものは？

　あらゆるかたちの愛

——どのように変革は起きる？

　献身的な人たちがその力を結集したとき

——できるとしたら（生きている人でも故人でも）誰と話したい？

　ガンジー

（https://thenew.institute/en/who/maja-goepel　以上、最終閲覧日はいずれも二〇二一年五月一〇日）

本書の記述は全体として平易で、各章末尾にまとめがおかれ、それだけを読んでも概要をとらえることができるが、訳者なりに本書の大枠を圧縮して整理しておく。

＊

私たちは〈新たな現実〉を生きている。それは地球のキャパシティーに対して人間の数と活動が過剰になってしまった〈密な世界〉だ。〈古い現実〉では、ある国の経済成長はかならずしも他の国の成長の可能性を奪うものではなかった。地球はまだ〈疎《まば》らな世界〉で、余裕があったからだ。

この〈新たな現実〉は、五〇年ほど前、『成長の限界』によって示された。私たちの生きる世界は根本的に別のものになったことがあきらかにされたのだ。だが、奇しくも同じく一九七〇年代から影響力をもつようになった市場原理主義的な経済理論（本書では使われていない用語だが、一般に新自由主義と呼ばれる）にもとづく経済活動・政策により、世界的に不平等は拡大し、環境への負荷も増した。（人間由来の二酸化炭素の半分は過去三〇年間に排出された）。

経済学は、自己の利益を最大化すべく合理的に行為する〈ホモ・エコノミクス〉が市場で競争することで全体の利益が増進し、成長がすすむと説いてきたが、それは〈新たな現実〉には対応しない。そもそも、このような事態を招いた責任の一端は、金銭的な価値以外の価値を考慮できず、自然の多様なはたらきを評価できなかった経済学理論にある。

経済成長が無限に可能だとする想定は、〈古い現実〉のロジックをそのまま引き継いだ〈いつわりの現実〉でしかない。エネルギー効率を高める技術革新も、成長が優先されることで、かえって環境負荷を高めることになった（リバウンド効果）。そこで成長と環境への負荷をまったく切り離し（デカップリング）、環境破壊なしに成長を維持しようという〈夢〉が語られるが、その成功はきわめて疑わしい。

たえざる成長という発想から決別しなくてはならない。〈これまでどおりつづける〉のでは、世界の破滅は避けられない。深刻で絶望的とすら思われる認識だが、この現実を直視することが〈希望の未来〉を構想するためには不可欠だ。

現在の先進国の豊かな消費生活は、途上国と環境への負荷によって成立しており、〈外部化〉された真のコストは価格に反映されていない。商品のほんとうのコストを消費に組み込む仕組みが必要だ。また、先進国の人びとはたえざる消費に追い立てられ、それがストレスを生んですらいる。物質的価値をあきらめ、実質的、社会的、環境的価値を求めることは、その解決策にもなる。

市民一人ひとりが持続可能な消費をこころがける（環境保護の民営化）だけでは効果が上がらないことは、すでにあきらかだ。国家が規制によって市場に大枠の秩序を与えなければならない。公共財の確保、不平等の是正のために国家が果たす積極的役割を再評価すべき時に来ている。

環境保護と公正は矛盾しない。地球規模での公正を実現することが、持続可能な経済につながる。

本書の特色は、なによりもまず、その記述のわかりやすさ、巧みさにある。受粉用マイクロ・ドローン、こんまりメソッド、セレブたちのフライト距離など、各章とも興味をかきたてる、ごく具体的なトピックから出発しながら、地球規模の問題の考察へと導かれる流れだ。

同時に、本書の主張の基本線は、決して奇をてらったものではなく、むしろオーソドックスなものだ。個々の議論について、以前どこかで聞いた、もう知っている、という人がいるだろう。しかし、地球環境問題を軸におきながら、社会的、国際的な不平等や不公正、先進国のライフスタイルなど、現代世界の広範囲におよぶ問題をこれだけわかりやすくまとめ、その解決の方向を示すパースペクティブの広さは出色のものだといえる。

たえず読者に問いかけ、忍耐づよく思考を求める姿勢、そして最終章での、世界を変えようとする人に不可欠だとされているユーモア。それが、深刻な現実を妥協なしに突きつけながら、それでも世界は変えられる、新たなものにできるというオプティミスティックなメッセージに、決して高圧的ではない説得力を与えている。それも本書に独特の魅力だ。

＊

本書は、ドイツあるいはヨーロッパに照準を合わせた記述もあるが、その議論は、いわゆる先進国一般にあてはまり、特定地域を越えた地球規模の問題をあつかっている。その意味で、日本の読者が大きな違和感を抱くところはないと思う。

本書では言及されていないが、日本にとって重要な問題を一点、指摘しておきたい。

原子力発電についてだ。

第1章で幼少時の経験としてふれられているが、一九八六年、チェルノブイリ原発事故で飛散した放射性物質はドイツにも届き、それ以後、当時の西ドイツで反原発の世論は格段に広がった。

二〇一一年、フクシマの事故を受けて、ドイツのメルケル首相は、二〇二二年末までに原子力発電所を廃止する法案を議会に提出し、可決された。旧東独出身で物理学者だったメルケルは、当初から原子力発電に批判的だったわけでは決してない。むしろ、二〇一〇年には前政権が定めた原子力発電を制限する法律を見直し、原子力発電所の耐用年数を延長した。再生可能エネルギーが普及するまでの過渡的なエネルギー源として原子力発電を利用しよう、というのが彼女の立場だった。その彼女が率先して原発の廃止に舵をきったのは、フクシマの事故を深刻に受けとめたからだ。

以上のとおり、ドイツでは原子力発電については、すでに結論が出ている。もちろん、実現の道のりは平たんではなく、さまざまな問題があるにしても、である。

冒頭に引いたコロナ禍終息後の経済回復で頼みにされている〈グリーン・リカバリー〉だが、日本では、そこに原発の再稼働などが絡んでくる余地がある。〈グリーン・リカバリー〉が本書で示された方向に向かうのか、それとも、相変わらず成長のためのものなのか、注視する必要がある。

＊

本書の翻訳について、唯物論研究協会の学会誌の編集で長年お世話になっている大月書店の角田三佳さんから相談を受けたのは二〇二〇年七月、懸案だった別の原稿と翻訳を終えたばかりの解放感（最近は「気の緩み」ともいうようだ）に浸っていたときだった。通読したところ、現在の世界の問題がよくまとめられているうえに、それをとてもおもしろく読ませる本だと思い、訳者として手をあげた。

できるだけ早く出版したいとの意向を受け、スムーズに作業を進められて、この種の問題に理解のある共訳者を周辺で探した。府川さん、守さんとはアドルノの音楽論の勉強会をつづけてきたが、コロナ禍で中断を余儀なくされていたところで、共訳の依頼に積極的に応じてくれた。環境問題関係のエキスパートとして、大倉さんにも加わってもらった。

翻訳にあたっては、各章担当者の訳稿を別の者がチェックしたうえで原稿を作成し、校正段階で三崎が訳語、文体の統一などをおこなった。また、本書の内容は経済学に関連するものが多いことから、東京経済大学の新井田智幸さんに再校段階で目を通していただいた。記してお礼申し上げる。

本書末尾には、注以外に、「もっと先に進みたい人のために」として、読者が自分なりに知見を深めるための情報紹介がある。英語とドイツ語のもので、日本の読者にはかならずしもアプローチしやすいものではないが、世界にどのような情報、活動が存在するのかを知るというだけでも意味があると考え、掲載した。

日本の読者にとって有益な情報も提供したいと考え、「もっと学びたい日本の読者に向けて」という項を設け、書籍とウェブサイトを紹介した。本書に接してはじめてこの種の問題を深く考えたいと思った読者を想定して選択した。作成はおもに大倉がおこない、三崎が加筆した。

一般読者向けの書籍であることから、できるだけ読みやすいものにするよう、訳者なりに努力した。原著は決して難解なものではないが、理論的な説明の割合も実はかなり多く、そういう箇所では正確さも求められる。わかりやすさと正確さとの板挟みとなることも多々あり、最後まで悩ましさを抱えながらも、自身の能力のおよぶかぎりで、なんとか仕事を果たしたつもりでいる。

本書が多くの人に読まれ、日本でも〈希望の未来〉に向かうさまざまな動きが広がることを祈りたい。

三度めの緊急事態宣言が延長された二〇二一年五月の東京都調布市にて

訳者を代表して　三崎　和志

各章冒頭の引用出典

第1章　招待状

Volker Hauff et al. (Hrsg.)., *Unsere gemeinsame Zukunft: [der Brundtland-Bericht der Weltkommission fur Umwelt und Entwicklung]*（我ら共通の未来　環境と開発に関する世界委員会のブルントラント報告）. Barbara von Bechtolsheim (Übers.), Greven 1987, S. 302.（環境と開発に関する世界委員会『地球の未来を守るために』大来佐武郎監訳，福武書店，1987年，352頁）

第2章　新たな現実

レイチェル・カーソンの1952年全国図書大賞での謝辞。以下を参照のこと。American Chemical Society (Hrsg.), Legacy of Rachel Carson's Silent Spring（レイチェル・カーソン『沈黙の春』の遺産）, 26. 10. 2012, https://www.acs.org/content/acs/en/education/whatischemistry/landmarks/rachel-carson-silent-spring.html（最終閲覧2020年1月16日）.

第3章　自然と生命

Joseph A. Tainter, *The Collapse of Complex Societies*（複雑な社会の崩壊）, Cambridge 1988, S. 50.

第4章　人間とふるまい

ジョン・ロバート・マクニール，以下より引用：Jeremy Lent, *The Patterning Instinct*（パターン化する本能）, Amherst 2017, S. 398.

第5章　成長と発展

Joseph Stiglitz, »It's time to retire metrics like GDP. They don't measure everything that matters«（GDPのような指標は引退すべき時だ。それらは重要なものを何も計っていない）, in: *The Guardian*, 24. 11. 2019, https://www.theguardian.com/commentisfree/2019/nov/24/metrics-gdp-economic-performance-social-progress（最終閲覧2020年1月16日）.

第6章　技術の進歩

Jeremy Lent, *The Patterning Instinct*（パターン化する本能）, Amherst 2017, S. 378.

第7章　消費

ユーモア作家ロバート・クィレンは新聞コラムで「アメリカニズム」をこう描いた。Robert Quillen, "Paragraphs"（パラグラフ）, in: *The Detroit Free Press,* 04. 06. 1928.

第8章　国家・市場・公共財

Eric Liu und Nick Hanauer, »Complexity Economics Shows Us Why Laissez-Faire Economics Always Fails«（複雑系経済学は，なぜ自由放任経済がかならず失敗するか，教えてくれる）, in: *Evonomics*, 21. 02. 2016, https://evonomics.com/complexity-economics-shows-us-that-laissez-faire-fail-nickhanauer/（最終閲覧2020年1月21日）.

第9章　公正

アナンド・ギリダラダスの2015年7月29日，アスペン・インスティテュートのアクション・フォーラムでの講演。以下を参照：Anand Giridharadas, »The Thriving World, the Wilting World, and You«（繁栄する世界，衰退する世界，そしてあなた），in: *Medium.com*, 01. 08. 2015, https://medium.com/@AnandWrites/the-thriving-world-the-wilting-world-and-you-209ffc24ab90（最終閲覧2020年1月17日）.

第10章　思考と行動

Maria Popova, »How We Spend Our Days Is How We Spend Our Lives: Annie Dillard on Choosing Presence Over Productivity«（1日1日をどうすごすか，ということは，人生をどうすごすか，ということ。アニー・ディラードの語る，生産性よりも現在を選ぶこと），in: *Brainpickings*, 07. 06. 13, https://www.brainpickings.org/2013/06/07/annie-dillard-the-writing-life-1/（最終閲覧2020年1月16日）.

＊　懸命な努力にもかかわらず，すべての引用の著作権者を特定することはできなかった。必要であれば出版社に問い合わせていただきたい。

原 注

原注ではドイツ語読者に向けて，英語の書名とインターネットサイトのタイトルにドイツ語訳が添えられている。以下ではそれに加えてドイツ語の書名などにも日本語訳を添えた。

(1) ここでは，平和的なかたちの市民的不服従の抵抗を紹介することに主眼があります。私は，イギリスでのこの運動の主唱者の個々の発言からは距離をとっています。

(2) 以下を参照のこと：Apollo Flight Journal, https://history.nasa.gov/afj/ap08fj/16day4_orbit4.html（最終閲覧2020年1月6日）.

(3) Roger Revelle, Hans E. Suess, »Carbon Dioxide Exchange Between Atmosphere and Ocean and the Question of an Increase of Atmospheric CO_2 during the Past Decades«（大気と海洋のあいだの二酸化炭素の循環と，過去数10年間の大気中二酸化炭素の増加の問題），in: *Tellus*, Informa UK Limited, 9 (1): S. 18–27.

(4) 二酸化炭素情報分析センター（Carbon Dioxide Information Analysis Center）によると「1751年以来，化石燃料の使用とセメント生産により約4000億トン以上の炭素が大気中に放出された。化石燃料からのCO_2排出量の半分は1980年代末以降に発生した」。https://cdiac.ess-dive.lbl.gov/trends/emis/tre_glob_2014.html（最終閲覧2020年1月6日）.

(5) たとえば以下を参照：»Kein Mensch will Tiere am ersten Tag töten«（どんな人間も生後1日めの動物を殺そうとはしない），in: *Tagesspiegel*, 31. 03. 2015, https://www.tagesspiegel.de/wirtschaft/gegenkuekenschreddern-kein-mensch-will-tiere-am-ersten-tag-toeten/11578688.html また以下も参照 »Das Gemetzel geht weiter«（虐殺はつづく），in: *Süddeutsche*, 29. 02. 2018, https://www.sueddeutsche.de/wirtschaft/kuekenschreddern-das-gemetzel-geht-weiter-1.3924618（最終閲覧2020年1月6日）.

(6) 以下を見よ：»Burning Deadstock? Sadly, ›Waste is nothing new in fashion‹«（燃やしているのはデッドストック？ 悲しいことに「ファッションの世界でゴミは目新しいものではない」），*Fashion United*, 19. 10. 2017, https://fashionunited.uk/news/fashion/burning-apparel-deadstock-sadly-waste-is-nothingnew-in-fashion/2017101926370（最終閲覧2020年1月6日）.

(7) Unsere gemeinsame Zukunft. Der Brundtland-Bericht der Weltkommission für Umwelt und Entwicklung（我ら共通の未来──「環境と開発に関する世界委員会」報告。邦訳は「各章冒頭の引用出典」の第1章を参照），hrsg. von Volker Hauff, Greven 1987, https://www.nachhaltigkeit.info/artikel/brundtland_report_563.htm?sid=pvfd56tpehme3l8t9vfn4do4r2（最終閲覧2020年1月6日）.

(8) Robert Solow, »The Economics of Resources or the Resources of Economics«（資源の経済，あるいは経済の資源），in: *American Economic Review*, 1974, 64 (2), S. 1–14, ここではS. 11.

(9) 以下を見よ：Bundesamt für Naturschutz (Hrsg.), »Bestäubung als Ökodienstleistung«,（生態系サービスとしての受粉），https://www.bfn.de/themen/natura-2000/eu-und-internatio

nales/schutz-der-bluetenbestaeuber/bestaeubung-als-oekosystemdienstleistung.html (最終閲覧2020年1月6日).

(10) Robert Costanza, Rudolf de Groot, Paul Sutton, Sander van der Ploeg, Sharolyn J. Anderson, Ida Kubiszewski, Stephen Farber, R. Kerry Turner, »Changes in the global value of ecosystem services« (生態系サービスのグローバルな価値の転換), in: *Global Environmental Change*, Vol. 26., 2014, S. 152–158.

(11) 以下を参照：James Gamble, »The Most Important Problem in the World« (世界でもっとも重要な問題), in: *Medium*, 13. 03. 2019, https://medium.com/@jgg4553542/the-most-important-problem-in-theworld-ad22ade0ccfe (最終閲覧2020年1月6日).

(12) 引用はエルンスト・フリードリヒ・シューマッハーの『宴のあとの経済学』(原題 'Good Work' 1974年, ドイツ語タイトル『私たちの時代の終わり』) より (E・F・シューマッハー『宴のあとの経済学――スモール・イズ・ビューティフル主義者の提言』長洲一二監訳, 伊藤拓一訳, ダイヤモンド社, 1980年, 79頁)。オリジナルは以下のシューマッハー・インスティテュートのホームページで見られる：https://www.schumacherinstitute.org.uk/about-us/ (最終閲覧2020年1月6日).

(13) Henrik Nordborg, »Gespenst geht um auf der Welt – das Gespenst der Fakten« (世界を妖怪がうろついている――事実という妖怪が), https://nordborg.ch/wp-content/uploads/2019/05/Das-Gespenst-der-Fakten.pdf (最終閲覧2020年1月6日).

(14) 以下を参照：Umweltbundesamt (Hrsg.), »Stromverbrauch« (電力消費), 03. 01. 2020, https://www.umweltbundesamt.de/daten/energie/stromverbrauch および, Umweltbundesamt (Hrsg.), "Energieverbrauch nach Energietragern,Sektoren und Anwendungen" (エネルギー源, セクター, 利用法ごとのエネルギー消費), 03. 01. 2020, https://www.umweltbundesamt.de/daten/energie/energieverbrauch-nach-energietraegern-sektoren (最終閲覧2020年1月6日).

(15) 以下を参照：Ernst Ulrich von Weizsäcker, Andus Wijkman u. a., *Wir sind dran* (私たちの番だ), Gütersloh 2018.

(16) 以下より引用：Heinz D. Kurz, »Eigenliebe tut gut« (自己愛はいいものだ), in: *Die Zeit*, 01/1993, https://www.zeit.de/1993/01/eigenliebe-tut-gut/komplettansicht (最終閲覧2020年1月16日).

(17) 以下を参照：Jason Hickel, »Bill Gates says poverty is decreasing. He couldn't be more wrong«, (ビルゲイツいわく「貧困は減っている」。彼の最大の誤り) in: *The Guardian*, 29. 01. 19, https://www.theguardian.com/commentisfree/2019/jan/29/bill-gates-davos-global-poverty-infographic-neoliberal (最終閲覧2020年1月6日).

(18) David Woodward, »Incrementum ad Absurdum: Global Growth, Inequality and Poverty Eradication in a Carbon-Constrained World« (馬鹿げた成長――炭素排出が制限された世界における世界的な成長, 不平等, 貧困撲滅), in: *World Social and Economic Review*, 2015, No. 4.

(19) Jan Göbel, Peter Krause, »Einkommensentwicklung–Verteilung, Angleichung, Armut und Dynamik« (収入の動向――分配, 均等化, 貧困, 動態), in: *Destatis Datenreport 2018*, S. 239–253, https://www.destatis.de/DE/Service/Statistik-Campus/Datenreport/Downloads/datenreport-2018-kap-6.pdf?_blob=publicationFile (最終閲覧2019年12月6日).

(20) World Inequality Lab, Bericht zur weltweiten Ungleichheit 2018（世界の不平等2018年）, deutsche Fassung, S. 11, https://wir2018.wid.world/files/download/wir2018-summary-german.pdf（最終閲覧2019年12月6日）.

(21) Gabor Steingart, »Konzerne manipulieren nach Belieben die Aktien – und der Staat schaut einfach zu«（大企業は株価を好きに操作する――そして国家はただみているだけ）, in: *Finanzen100 von Focus Online*, 08. 11. 2019, https://www.finanzen100.de/finanznachrichten/boerse/konzerne-manipulieren-nach-belieben-die-aktienkurse-und-der-staat-schaut-einfach-zu_H1907961083_11325544/（最終閲覧2020年1月16日）.

(22) Tagesschau, »Milliarden für die Aktionäre: Geldmaschine JPMorgan«（株主のために数十億――現金引き出し機としてのJPモルガン）, in: *boerse.ard.de*, 16. 07. 2019, https://www.tagesschau.de/wirtschaft/boerse/jpmorgan-gewinne-101.html（最終閲覧2020年1月16日）.

(23) Linsey McGoey, »Capitalism's Case for Abolishing Billionaires«（億万長者廃止の資本主義のケース）, in: *Evonomics*, 27. 12. 2019, https://evonomics.com/capitalism-case-for-abolishing-billionaires/（最終閲覧2020年1月16日）.

(24) »Neue Wert-Schöpferin«（新たな価値創造者）, in: *Manager Magazin*, 08/2018, https://heft.manager-magazin.de/MM/2018/8/158462586/index.html（最終閲覧2020年1月6日）.

(25) ジェボンズが著書『石炭問題』(London 1865) で示したパラドクスについては以下を見よ：https://archive.org/stream/in.ernet.dli.2015.224624/2015.224624.The-Coal#page/n123/mode/2up). ここでは以下から引用：Marcel Hänggi, »Das Problem mit dem Rebound«（リバウンド効果の問題）, in: *heise online*, 05. 12. 2008, https://www.heise.de/tr/artikel/Das-Problem-mit-dem-Rebound-275858.html).

(26) 以下を参照：Uwe Schneidewind, *Die Große Transformation*（大転換）, Frankfurt am Main 2018, S. 58.

(27) Greenpeace (Hrsg.), »Wie steht's mit dem E-Auto?«（電気自動車の見とおし）https://www.greenpeace.de/themen/energiewende/mobilitaet/wie-stehts-mit-dem-e-auto（最終閲覧2020年1月6日）.

(28) Tim Jackson, Peter A. Victor, »Unraveling the claims for (and against) green growth«（グリーンな成長への賛否の主張をときほぐす）, in: *Science Magazine*, 22. 11. 2019, https://www.sciencemagazinedigital.org/sciencemagazine/22_november_2019/MobilePagedArticle.action?articleId=1540189#articleId1540189（最終閲覧2020年1月6日）.

(29) Holger Holzer, »Tesla Cybertruck in Europa möglicherweise nicht zulassungsfähig«（テスラのサイバートラックに欧州での登録資格がない可能性）, in: *Handelsblatt*, 16. 12. 2019, https://www.handelsblatt.com/auto/nachrichten/elektro-pickup-tesla-cybertruck-in-europamoeglicherweise-nicht-zulassungsfaehig/25338516.html?ticket=ST-40888407-bktfNHY7WE6wW5UKdJ6o-ap6（最終閲覧2020年1月6日）.

(30) Philipp Staab, *Falsche Versprechen*（まちがった約束）, Hamburg 2016, S. 75–76.

(31) Georg Franck, Ökonomie der Aufmerksamkeit（関心の経済学）, Munchen 1998.

(32) 以下を参照：Douglas Rushkoff, »We shouldn't blame Silicon Valley for technologie's problems – we should blame capitalism«（テクノロジーの問題でシリコンバレーを責めるべきではない。責めるべきは資本主義だ）, in: *Quartz*, 24. 01. 2019, https://qz.com/1529476/we-

shouldnt-blame-silicon-valley-for-technologysproblems-we-should-blame-capitalism/および：The Associated Press, »Ex-Google exec Harris on how tech downgrades humans«（前グーグル幹部ハリスが語る「いかにテクノロジーが人間をダウングレードするか」), in: *sentinel*, 11. 8. 2019, https://sentinelcolorado.com/sentinel-magazine/qa-ex-google-exec-harris-on-how-tech-downgrades-humans/（最終閲覧2020年1月6日）.

(33) Stefan Lessenich, *Neben uns die Sintflut*, München 2016, S. 196.（我がかたわらに洪水よ来たれ）

(34) 以下を参照：https://www.aeb.com/media/docs/press-de/2019-10-02-pressemeldung-aeb-esd-abfallexporte.pdf（最終閲覧2020年1月16日）および：https://www.handelsblatt.com/unternehmen/handel-konsumgueter/abfall-deutschland-exportiert-mehr-muell-als-maschinen/25078510.html?ticket=ST-383546-sm0R3FsRz0KKBvflTbnN-ap2（最終閲覧2020年1月16日）.

(35) 以下を参照：Heinrich-Böll-Stiftung, Institute for Advanced Sustainability Studies, Bund für Umwelt- und Naturschütz Deutschland und Le Monde diplomatique (Hrsg.), Bodenatlas 2015: Daten und Fakten über Acker, Land und Erde（土地アトラス　耕地，土地，地球にかんするデータと事実）, http://www.slu-boell.de/sites/default/files/bodenatlas2015.pdf（最終閲覧2020年1月6日）.

(36) 以下も見よ：Hartmut Rosa, *Unverfügbarkeit*（利用不能）, Wien und Salzburg 2018.

(37) Barry Schwartz, *Anleitung zur Unzufriedenheit*, Berlin 2004.（バリー・シュワルツ『なぜ選ぶたびに後悔するのか──オプション過剰時代の賢い選択術』瑞穂のり子訳，武田ランダムハウスジャパン, 2012年）.

(38) Tim Kasser, *The High Price of Materialism*（物質主義の高い代償）, Cambridge 2002.

(39) Derek Curtis Bok, *The Politics of Happiness: What Government Can Learn from the New Research on Well-Being. Princeton*, N. J. 2010, S. 15（デレック・ボック『幸福の研究──ハーバード元学長が教える幸福な社会』土屋直樹・茶野努・宮川修子訳，東洋経済新報社, 2011年, 18頁）.

(40) Armin Falk, »Ich und das Klima«（私と気候）, in: *Die Zeit*, 21. 11. 2019, https://www.econ.uni-bonn.de/Pressemitteilungen/der-klimawandel-verhaltensoekonomisch-betrachtet-von-armin-falk（最終閲覧2020年1月6日）.

(41) 以下を参照：Heinrich Böll Stiftung (Hrsg.), »Fünf Konzerne beherrschen den Weltmarkt«（5大企業が世界市場を支配）, https://www.boell.de/de/2017/01/10/fuenf-agrarkonzerne-beherrschen-den-weltmarkt?dimension1=ds_konzernatlas（最終閲覧2020年1月6日）.

(42) 世界銀行ホームページ上のGDP値は以下：https://data.worldbank.org/indicator/NY.GDP.MKTP.CD?view=map. またスタティスタ上の市場価値は以下：https://www.statista.com/statistics/263264/top-companies-in-the-world-by-market-value/（最終閲覧2020年1月6日）.

(43) Mariana Mazzucato, *Das Kapital des Staates: Eine andere Geschichte von Innovation und Wachstum*, München 2014, Einleitung.（マリアナ・マッツカート『企業家としての国家──イノベーション力で官は民に劣るという神話』大村昭人訳，薬事日報社, 2015年, 40頁）

(44) 以下を参照：»The Silicon Six«（シリコン・シックス）, in: *Fairtaxmark*, Dezember 2019 https://fairtaxmark.net/wp-content/uploads/2019/12/Silicon-Six-Report-5-12-19.pdf（最

終閲覧2020年1月6日).

(45) 以下を参照：»Amazon in its Prime«（アマゾンが最高収益）, Institute on Taxation and Economic Policy (ITEP), 13. 02. 2019, https://itep.org/amazon-in-its-prime-doubles-profits-pays-0-in-federal-incometaxes/ (最終閲覧2020年1月6日).

(46) Karen Vaughn, »Invisible Hand«（見えざる手）, in: John Eatwell, Murray Milgate, Peter Newman (Eds.), *The Invisible Hand* (*The New Palgrave*), Palgrave Macmillan: London 1989 (paperback edition), pp.168–172; John Maynard Keynes, *Das Ende des Laissez-Faire*, München und Leipzig 1926, S. 35. (J・M・ケインズ「自由放任の終焉」『ケインズ説得論集』山岡洋一訳, 日本経済新聞社, 2010年, 198頁)

(47) 以下を見よ：Universität Bamberg (Hrsg), »Präventives Retourenmanagement und Rücksendegebühren – Neue Studienergebnisse«（予防的返品管理と返送料──新たな研究結果）, in: *retourenforschung.de* の2019年2月11日のプレス発表, http://www.retourenforschung.de/info-praeventives-retourenmanagement-und-ruecksendegebuehren-neue-studienergebnisse.html (最終閲覧2020年1月6日).

(48) 以下を参照：Henning Jauernig, Katja Braun, »Die Retourenrepublik«（返品の共和国）, in: *Spiegel*, 12. 06. 2019, https://www.spiegel.de/wirtschaft/soziales/amazon-zalando-otto-die-retouren-republik-deutschland-a-1271975.html (最終閲覧2020年1月6日).

(49) このスピーチは以下で閲覧可能：https://teachingamericanhistory.org/library/document/fireside-chat-on-the-new-deal/ (最終閲覧2020年1月6日).

(50) Thomas Beschorner, *In schwindelerregender Gesellschaft*（目のくらむ社会）, Hamburg 2019.

(51) 有機食品の市場シェアについては以下を見よ：https://de.statista.com/statistik/daten/studie/360581/umfrage/marktanteil-von-biolebensmitteln-in-deutschland/. 有機肉の市場シェアについては以下：https://www.fleischwirtschaft.de/wirtschaft/nachrichten/Bio-Markt-Der-Umsatz-waechst-38580?crefresh=1 (最終閲覧2020年1月6日).

(52) The Lancet Planetary Health (Hrsg.), »More than a Diet« (ダイエット以上のもの), Februar 2019, Vol. 3, Iss. 2, https://www.thelancet.com/journals/lanplh/article/PIIS2542-5196%2819%2930023-3/fulltext (最終閲覧2020年1月16日).

(53) 食費支出については以下：https://de.statista.com/statistik/daten/studie/75719/umfrage/ausgaben-fuer-nahrungsmittel-indeutschland-seit-1900/. 住宅支出の変動については以下：https://makronom.de/wie-die-veraenderung-der-wohnaus-gaben-die-ungleichheit-erhoeht-hat-28291 (最終閲覧2020年1月6日).

(54) Stefan Gössling, »Celebrities, air travel, and social norms«（セレブ, 飛行機旅行, そして社会規範）, in: *ScienceDirect*, Nr. 79, November 2019, https://www.sciencedirect.com/science/article/abs/pii/S016073831930132X (最終閲覧2020年1月6日).

(55) いわゆるCO_2時計〔CO_2を排出が, いつ地球が吸収する量を超えるかを時計で示したもの〕の現状は以下で見られる：https://www.mcc-berlin.net/de/forschung/co2-budget.html (最終閲覧2020年1月6日).

(56) フォーブスのリストは以下：https://www.forbes.com/billionaires/#36ccf2b9251c (最終閲覧2020年1月6日).

(57) 研究の結果は以下を参照：Dan Ariely, »Americans Want to Live in a Much More Equal Country«（アメリカ人はもっと平等な国で生活したいと望んでいる), in: *The Atlantic*, 02. 08. 2018, https://www.theatlantic.com/business/archive/2012/08/americanswant-to-live-in-a-much-more-equal-country-they-just-dont-realize-it/260639/; http://danariely.com/2010/09/30/wealth-inequality/（最終閲覧2020年1月6日).

(58) これらの数字は経済学者で不平等の研究者，ガブリエル・ザックマンによる。要約は以下：Pedro da Costa, »Wealth Inequality Is Way Worse Than You Think, And Tax Havens Play A Big Role«（富の不平等は思っているよりひどい。タックスヘイブンのはたす大きな役割), in: *Forbes*, 12. 02. 2019, https://www.forbes.com/sites/pedrodacosta/2019/02/12/wealth-inequality-is-way-worse-than-you-think-and-tax-havens-play-a-big-role/#1672b3ceeac8（最終閲覧2020年1月6日).

(59) ドイツ語のレポートの短縮版は以下：https://wir2018.wid.world/files/download/wir2018-summary-german.pdf（最終閲覧2020年1月6日).

(60) 同上。

(61) 以下のフォーブスの記事を参照：https://www.forbes.com/sites/pedrodacosta/2019/02/12/wealth-inequality-is-way-worse-than-you-think-and-tax-havens-play-a-big-role/#1672b3ceeac8（最終閲覧2020年1月6日).

(62) 以下を参照：Mark Curtis, »Gated Development: Is the Gates Foundation Always a Force for Good?«（ゲイツ財団はいつも善玉か), Global Justice Now (Hrsg.), Juni 2016, https://www.globaljustice.org.uk/sites/default/files/files/resources/gjn_gates_report_june_2016_web_final_version_2.pdf. ドイツ語の要約版は以下：https://www.heise.de/tp/features/Bill-Gates-zwischen-Schein-und-Sein-3378037.html（最終閲覧2020年1月6日).

(63) ギリダラダスによる2015年7月29日，アスペン・インスティトゥート，アクション・フォーラムでの以下の講演を見よ：»The Thriving World, the Wilting World, and You«（繁栄する世界，衰退する世界，そしてあなた), in: *Medium.com*, 01. 08. 2015, https://medium.com/@AnandWrites/the-thriving-world-the-wilting-world-and-you-209ffc24ab90（最終閲覧2020年1月6日).

(64) Jeff Cox, »CEOs see pay grow 1,000 % in the last 40 years, now make 278 times the average worker«（CEOたちの報酬はこの40年で1000パーセント上昇，いまや平均的労働者の278倍稼いでいる), in: *CBNC*, 16. 08. 2019, https://www.cnbc.com/2019/08/16/ceos-see-pay-grow-1000percent-and-now-make-278-times-the-average-worker.html（最終閲覧2020年1月6日).

(65) World Rescources Institute (Hrsg.), Cumulative CO_2-Emissions 1850–2011 (% of World Total)（1850年から2011年までCO_2排出の累積量［世界全体でのパーセンテージ］), https://wriorg.s3.amazonaws.com/s3fs-public/uploads/historical_emissions.png（最終閲覧2020年1月6日).

(66) 以下を参照：Helmholtz Zentrum für Umweltforschung (Hrsg.), »Kohlenstoffbilanz im tropischen Regenwald des Amazonas«（アマゾン熱帯雨林における炭素のバランスシート), 08. 11. 2019, https://www.ufz.de/index.php?de=36336&webc_pm=48/2019（最終閲覧2020年1月6日).

(67) Claudia Krapp, »Waldbrande mit ›ungewöhnlichen‹ Folgen«（「普通でない」結果をともな

う森林火災), in: *Forschung und Lehre*, 15. 10. 2019 https://www.forschung-und-lehre.de/forschung/waldbraende-mit-ungewoehnlichen-folgen-2213/ (最終閲覧2020年1月6日).

(68) 以下を参照：Philipp Henrich, "Exportmenge der führenden Exportländer von Rindfleisch weltweit in den Jahren 2015 bis 2020" (2015年から2020年までの主要牛肉輸出国の対世界輸出量), in: *Statista* 18. 10. 2019, https://de.statista.com/statistik/daten/studie/245664/umfrage/-fuehrende-exportlaender-von-rindfleisch-weltweit/ (最終閲覧2020年1月6日).

(69) 以下を参照："Infografiken Sojawelten: Die Zahlen" (大豆の世界のインフォグラフィック――各種数値), in: *transgen*, letzte Aktualisierung 20. 03. 2019, https://www.transgen.de/lebensmittel/2626.soja-welt-zahlen.html (最終閲覧2020年1月6日).

(70) Ha-Joon Chang, *Kicking away the Ladder. Development Strategy in Historical Perspective*, London 2002, S. 129 (ハジュン・チャン『はしごを外せ』横川信治・張馨元・横川太郎訳, 日本評論社, 2009年, 8頁).

(71) Oliver Richters, Andreas Siemoneit, *Marktwirtschaft reparieren* (市場経済を修繕する), München 2019, S. 158.

(72) Daniel Marcovitz, »How Life Became an Endless, Terrible Competition« (いかにして人生は終わりのない, 恐ろしい競争になったか), in: *The Atlantic*, September 2019, https://www.theatlantic.com/magazine/archive/2019/09/meritocracys-miserable-winners/594760/ (最終閲覧2020年1月6日).

(73) Peter Barnes et al., »Creating an Earth Atmospheric Trust« (大気トラストをつくる), in: *Science*, Nr. 319, 08. 02. 2008, S. 724–726. 以下で有料で閲覧可能：https://science.sciencemag.org/content/319/5864/724.2 (最終閲覧2020年1月6日).

(74) Michael Sauga, »Forscher halten Systemwechsel für nötig« (研究者の認識ではシステムの転換が必要), in: *Spiegel*, 12. 07. 2019, https://www.spiegel.de/wirtschaft/soziales/klimasteuer-der-co2-preis-soll-nicht-die-staatskasse-fuellen-a-1276939.html (最終閲覧2020年1月6日).

(75) Agora Energiewende und Agora Verkehrswende, »Die Kosten von unterlassenem Klimaschutz für den Bundeshaushalt 2018« (気候保護をおこなわなかったことにより2018年のドイツ国家会計にかかったコスト), https://www.stiftung-mercator.de/media/downloads/3_Publikationen/2018/Oktober/142_Nicht-ETS-Papier_WEB.pdf (最終閲覧2020年1月6日).

もっと先に進みたい人のために

以下はより積極的に活動し，情報を得るための本やサイトです。活動分野や好みは人それぞれですから，さまざまな領域をカバーするようにしました。また，多様な選択ができるように，個々の運動団体よりもプラットフォーム的なものを多く選びました。

もっと考える

◆Tim Jackson, *Wohlstand ohne Wachstum – das Update*, München 2017.（ティム・ジャクソン『成長なき繁栄──地球生態系内での持続的繁栄のために』田沢恭子訳，一灯舎，2012年）

この問題をめぐる議論の基本的方向を示した古典。現在，ティム・ジャクソンはイギリス，サセックス大学の「持続可能な繁栄研究センター（Center for the Understanding of Sustainable Prosperity：CUSP）」の同僚ともに，さらに構想を発展させています（https://www.cusp.ac.uk/）。

◆Kate Raworth, *Die Donut-Ökonomie: Endlich ein Wirtschaftsmodell, das den Planeten nicht zerstört*, München 2018.（ケイト・ラワース『ドーナツ経済学が世界を救う　人類と地球のためのパラダイムシフト』黒輪篤嗣訳，河出書房新社，2018)

ドーナツというシンボルは惑星の上限と社会的な下限を示し，2012年，国連でのグリーン経済をめぐる議論の糸口となりました。ケイト・ラワースは本書で二つの限界のあいだに収まる新しい経済を構想しました（www.doughnuteconomics.org）。

◆Pavan Sukhdev, *Corporation 2020: Warum wir Wirtschaft neu denken müssen*, München 2013.（パヴァン・スクデフ『「企業2020」の世界──未来をつくるリーダーシップ』月沢李歌子訳，日本経済新聞出版，2013年）

パヴァン・スクデフは元ドイツ銀行のエコノミストで現在，WWF（世界自然保護基金）総裁。国連の「生態系と生物多様性の経済学（TEEB）」研究リーダーを務め，その後，持続可能な経営のための企業構造の改革に重点をおいている。〔TEEBを紹介した環境省のHP　https://www.biodic.go.jp/biodiversity/activity/policy/valua tion/teeb.html〕

◆John Fullerton, Finance for a Regenerative World（再生的世界のための金融），Capital Institute 2019–2021.

ジョン・フラートンはかつて投資銀行に勤務，シンクタンクを設立し，新たな金融システムの発案など，生物学的システムの再生的な原理を経済的解決策のデザインに応用している（http://capitalinstitute.org/wp-content/uploads/2018/11/Regen-Finan-RVSD-Interactive_FINAL 2.0.pdf）。

◆Maja Göpel, *The Great Mindshift. How Sustainability Transformations and a New Economic Paradigm Go Hand in Hand*（発想の大転換──どうすれば持続可能性への転換と新たな経済パラダイムは両立するか），Heidelberg 2016.

転換研究，持続可能な経済の構想を結び付けるための学術的著作で，2016年のシステム・イノベーション・ラボのトレーニング・メソッドの下敷き　www.greatmindshift.org

◆システム・イノベーション・ラボのハンドブック　https://epub.wupperinst.org/frontdoor/index/index/docId/6538

◆Wellbeing Economy Alliance　www.wellbeingeconomy.org
自然と人間のためになる経済を研究し，実験，出版，組織，輪を広げようとする組織と個人グローバルなネットワーク。

◆Forum for a New Economy　https://newforum.org
新しい経済の指導原理のためのプラットフォーム。

◆Evonomics（オンライン・マガジン）　www.evonomics.com
経済の次代への進化。

もっと行動する

(1) 消費と日常生活

①持続可能な製品

◆Utopia　www.utopia.de
持続可能な生活のための買いもののアドバイスと背景説明の記事。

◆Avocadostore　www.avocadostore.de
持続可能な製品のオンラインショップ。

◆Greenpeace　https://www.greenpeace.de/themen/landwirtschaft
農業の実践，政策についての情報。

②手段としてのお金

◆Fair Finance Guide　www.fairfinanceguide.de
銀行の行動についての情報

◆Forum Nachhaltige Geldanlage　www.forum-ng.org
持続可能な投資の情報。

◆Finanzwende　www.finanzwende.de
投資のあり方を変革する市民運動。

③持続可能な旅行

◆Forum Anders Reisen　www.forumandersreisen.de
持続可能性を志向する旅行プランの提供。

◆Atmosfair　www.atmosfair.de
大気中に排出するCO_2の相殺を考える。

(2) 企業と組織

①バランスシートの改善

◆Economy for the Common Good　www.ecogood.org
共通善のための経済。

◆Certified B Corporation　www.bcorporation.eu
社会と環境の利益を配慮する企業。

◆Global Compact　www.sdgcompass.org
グローバルな持続可能な開発目標（SDGs）の指針。

②新しい組織のあり方

◆Regionalwert AG　www.regionalwert-treuhand.de

ドイツ中の出資者と持続可能な地域経済をつなげる市民株式会社。

◆Purpose Stiftung
従業員重視の法的形態としての責任型オーナーシップについて。
www.purpose-economy.org
www.entrepreneurs4future.de

(3) 政治的責任

◆Stiftung 2 Grad　www.stiftung2grad.de
気候保護のための政治的規制を求める企業。

◆Global Alliance for Banking on Values　www.bankingonvalues.org
必要な規制に関する銀行の説明。

(4) 普及・広報

①教育

◆Global Goals Curriculum
OECDの学習指針2030と共同によるグローバルな持続可能性に到達するための能力開発グローバル・ゴールズ・カリキュラム。
www.ggc2030.org
www.oecd.org/education/2030-project

②メディア

◆Perspective Daily　www.perspective-daily.de
ニュースの密林からの抜粋。

◆Enorm　www.enorm-magazin.de
社会的責任に関する雑誌。

◆Neue Narrative　www.neuenarrative.de
新しい労働に関する雑誌。

さらなる構造改革

①一貫した循環経済

◆Ellen McArthur Foundation（エレン・マッカーサー財団）　www.ellenmacarthurfoundation.org

◆Cradle to Cradle（ゆりかごからゆりかごへ）　www.c2c-ev.de

②政治運動（地域）

◆German Zero　www.germanzero.de
1.5度気候保護法と地域での気候保護の決定を組織。

◆Ecovillages　www.ecovillage.org
再生的な発展の地域戦略の世界的ネットワーク。

◆Solidarische Landwirtschaft　www.solidarische-landwirtschaft.org
連帯的農業，私的世帯が結集。

◆Transition Towns　www.transitionnetwork.org
国際的ネットワーク。

◆C40 Cities　www.c40.org

全世界の大都市を結ぶ気候保護ネットワーク。

③政治運動（一国規模, ヨーロッパ規模）

◆ドイツ自然保護協会

社会的生態学的転換マップ　https://www.dnr.de/sozial-oekologische-transformation/?L=46

◆Die Glorreichen 17　www.dieglorreichen17.de

ドイツの持続可能性戦略。

◆Dialog Gut Leben in Deutschland（ダイアローグ：ドイツでよく生きる）　www.gutlebenindeutschland.de

◆SDGウォッチ　www.sdgwatcheurope.org

ヨーロッパにおける持続可能な開発目標の実行を市民社会から応援。

◆European Progressives

持続可能な平等2019–2024 レポート　https://www.progressivesociety.eu/publication/report-independent-commission-sustainable-equality-2019-2024

◆ローマ・クラブ

地球規模の緊急プラン　https://www.clubofrome.org/2019/09/23/planetary-emergency-plan/

◆WWWforEurope

新たな競争力と転換を構想するプロジェクト「ヨーロッパのための福祉, 富, 仕事」　https://www.wifo.ac.at/forschung/forschungsprojekte/wwwforeurope

④社会のイノベーション形成

◆Innocracy Konferenz des Progressiven Zentrums

プログレッシヴ・センター主催イノクラシー会議　https://www.progressives-zentrum.org/innocracy2019/

◆Nesta Foundation in London（ネスタ財団　ロンドン）　www.nesta.org.uk

もっと学びたい日本の読者に向けて

以下は, 日本の読者のために, 訳者が作成した。

◆国際連合広報センター　https://www.unic.or.jp/

国際連合広報センターが運営するサイト。トップページを概観すると, 国際連合が気候変動などの環境危機にどれだけ力を入れているかもわかる。いま話題のSDGs（Sustainable Development Goals：持続可能な開発目標）に関する話題も豊富である。

◆環境省　https://www.env.go.jp/

日本の省庁のひとつである環境省が運営するサイト。環境省が, 気候変動だけでなく, 公害をはじめ, 多岐にわたる環境問題に対応していることがわかる。日本の公的な取り組みを検討するならば, まずみておきたい。

◆EICネット　https://www.eic.or.jp/

一般財団法人環境イノベーション情報機構が運営するサイト。環境問題にかかわる国内外のニュースの他ほか，環境用語集もあってさしあたりの知識を得るには簡便である。

◆WWFジャパン　https://www.wwf.or.jp/

歴史ある自然保護団体であるWWFとネットワークを結ぶWWFジャパン（公益財団法人世界自然保護基金ジャパン）が運営するサイト。民間団体の自然保護活動の一端を見ることができる。

◆フェアトレード ジャパン　https://www.fairtrade-jp.org/

フェアトレード ジャパン（特定非営利活動法人フェアトレード・ラベル・ジャパン）が運営するサイト。公平で公正な貿易を意味するフェアトレードだが，そもそもフェアトレードとは何かなど，フェアトレードに関して勉強することができる。

◆アンドリュー・モーガン監督『ザ・トゥルー・コスト――ファストファッション　真の代償』ビデオメーカー，2016年

ファストファッション産業の拡大の背景に，格差問題や環境問題があることを告発しているドキュメンタリー映画のDVD。エコフェミニズムの主要な論者のヴァンダナ・シヴァもコメンテーターとして登場する。

◆尾関周二，環境思想・教育研究会編『〈環境を守る〉とはどういうことか』岩波書店，2016年

ブックレットでもあり，環境問題に関心をもったひとはまず手にとってみてよい本。中高生でも読みやすい文章になっている。各章末に文献案内があり，興味をもったトピックをより深く学ぶことができる。

◆レイチェル・カーソン『沈黙の春』青樹簗一訳，新潮社，1974年

化学物質汚染を告発した作品。原著は1962年に出版され，国際社会のなかで，環境問題が大きな関心を集めることに貢献した著作。紹介した版は文庫版で，環境問題の歴史を考えるうえでも有益。日本の公害については，原田正純『水俣病』（岩波書店，1972年）も記念碑的作品で，いまなお振り返るべき作品。さらに，都市公害と経済の関係については，宇沢弘文『自動車の社会的費用』（岩波書店，1974年）もぜひ読んでほしい。

◆鶴見和子『南方熊楠――地球志向の比較学』講談社，1971年

日本の環境問題は，戦後にはじまったと思われがちだが，そうではない。田中正造の運動が有名だが，この著作では水俣とかかわりつづけた研究者である鶴見和子が描く，エコロジーの先駆者としての南方熊楠像が読み取れる。環境問題を少しふくらみをもたせて考えさせられる著作。

◆福岡伸一『生物と無生物のあいだ』講談社，2007年

本書第3章に登場した「循環」という主題で，自然や生物をとらえなおす視点を与えてくれる新書。読後，こういう見方で生物をとらえなおすことができるのだな，と実感してもらえるはず。

◆E・F・シューマッハー『スモール イズ ビューティフル――人間中心の経済学』小島慶三・酒井懋訳，講談社，1986年

エネルギー危機を警告して的中させ，たちまち世界中の注目をあびた著作。1973年に書かれた著作だが，現代経済学への批判的な視点や「中間技術」の議論などいまだからこそ読むべき本。シューマッハーについては，布施元「シューマッハー――経済的な基準と価値超えるもの」（『いま読み直したい思想家9人』梓出版社，2020年）も参照にしてもらいたい。

◆大島堅一『原発のコスト――エネルギー転換への視点』岩波書店，2011年

この著作は，原発の社会的なコストを実証的に考察する。3.11を経験した私たちにとって，原子

力発電の行方を考えることは避けて通ることはできない。原子力発電の行方を考えるときのよい手引きとなるだろう。

◆宮本憲一『戦後日本公害史論』岩波書店, 2014年

日本の公害研究萌芽期から環境問題にかかわる研究を牽引しつづけている著者による戦後日本の公害の歴史を学べる著作。公害が非常に多岐にわたる問題であること, 決して過去の問題ではないことを理解できる。

◆除本理史・佐無田光『きみのまちに未来はあるか?──「根っこ」から地域をつくる』岩波書店, 2020年

環境問題について勉強しているとしばしばやりきれなさを感じることがある。そのようなときに手に取ってもらいたい本。私たちが「本当に豊かな暮らし」を送っていくためにはどうすればいいかという前向きな問いかけが, 将来の社会への明るい想像をわきたててくれるのではないだろうか。

◆中西新太郎・蓑輪明子編著『キーワードで読む 現代日本社会 第2版』旬報社, 2013年

現代日本社会の仕組みを労働, 貧困, 資本主義, 新自由主義, 福祉国家, グローバリゼーションなど11のキーワードと９つのコラムで解説。社会をみる基本的な視点と日本の状況をわかりやすく示している。

◆デヴィッド・ハーヴェイ『新自由主義──その歴史的展開と現在』森田成也・木下ちがや・大屋定晴・中村好孝訳, 作品社, 2007年

1970年代から世界に拡がった新自由主義の政治経済体制を, マルクス主義に造詣の深い地理学者が, 世界規模で分析した著作。日本の新自由主義の展開について, 渡辺治による分析が付録として収められている。

◆デヴィッド・グレーバー『デモクラシー・プロジェクト』木下ちがや・江上賢一郎・原民樹訳, 航思社, 2015年

2012年のリーマン・ショック時に世界的に広がった「オキュパイ（ウォール街を占拠せよ）」運動にかかわった文化人類学者が, 世界を変えるための運動の原理について考察, 民主主義を根底からとらえなおそうとする試み。人類学者らしい独自の視点で資本主義を考察, 批判した『官僚制のユートピア』（以文社）,『ブルシット・ジョブ　クソどうでもいい仕事の理論』（岩波書店）もおすすめ。

◆斎藤幸平『人新世の「資本論」』集英社新書, 2020年

現代を「人新世」＝人類の経済活動が地球を破壊しつつある時代ととらえ, 資本主義による際限のない利潤追求活動をその根本原因として批判, マルクスの晩期の思想を再評価するとともに, 未来社会に向かう提言をおこなっている。本書と問題意識を共有しながら, ことなる理論枠組みで展開された著作。本書と合わせて手にとってほしい。

訳者
三崎和志（みさき　かずし）　1963年生まれ　第1, 9, 10章担当
東京慈恵会医科大学教授（専攻は哲学）
主な著作：『西洋哲学の軌跡――デカルトからネグリまで』（共編著，晃洋書房，2012年），アクセル・ホネット『私たちのなかの私』（共訳，法政大学出版局，2017年），トーマス・セドラチェク／デヴィッド・グレーバー『改革か革命か――人間・経済・システムをめぐる対話』（共訳，以文社，2020年）など

大倉　茂（おおくら　しげる）　1982年生まれ　第3章担当
東京農工大学大学講師（専攻は環境倫理学）
主な著作：『機械論的世界観批判序説』（学文社，2015年），「カブトムシから考える里山と物質循環――『自然の社会化』と『コモンズ』」（『「環境を守る」とはどういうことか――環境思想入門』岩波ブックレット，2016年），「環境正義論から考える公害の歴史的教訓――公害から気候変動，そして疫病へ」（『唯物論研究年誌第25号《復興と祝祭》の資本主義――新たな「災後」を探る』大月書店，2020年）

府川　純一郎（ふかわ　じゅんいちろう）　1983年生まれ　第2, 7, 8章担当
横浜国立大学・東海大学非常勤講師（専攻は美学・哲学）
主な著作：「二重化する風景とその行方――ヨアヒム・リッターとの比較を通じて」（『アドルノ美学解読――崇高概念から現代音楽・アートまで』藤野寛・西村誠編，花伝社，2019年），「アドルノの自然美における二つの位相――M・ゼールによるアドルノ批判の再検討」（『美学』第255号，2019年），「生まれてくる者への承認――生殖医療時代の承認論的考察」（『唯物論』第94号，2020年）

守　博紀（もり　ひろのり）　1985年生まれ　第4, 5, 6章担当
高崎経済大学非常勤講師（専攻は哲学・倫理学）
主な著作：「自由の構想に受動性を織り交ぜる――アドルノの音楽素材論を実践哲学的に読解する試み」（『倫理学年報』第65集，2016年），「自由のイメージとしての不定形音楽」（『アドルノ美学解読――崇高概念から現代音楽・アートまで』藤野寛・西村誠編，花伝社，2019年），『その場に居合わせる思考――言語と道徳をめぐるアドルノ』（法政大学出版局，2020年）

「日本の読者への招待状」
枝廣淳子（えだひろ　じゅんこ）
大学院大学至善館教授，幸せ経済社会研究所所長，株式会社未来創造部代表取締役社長。
主な著作：ドネラ・H・メドウズほか『成長の限界　人類の選択』（訳，ダイヤモンド社，2005年），『レジリエンスとは何か』（東洋経済新報社，2015年），アール・ゴア『不都合な真実』（訳，実業之日本社文庫，2017年），『好循環のまちづくり！』（岩波新書，2021年）ほか多数。

著者
マーヤ・ゲーペル（Maja Göpel）　1976年生まれ
政治経済学者であり，科学，政治，社会を横断するサステイナビリティ研究者（博士）。ドイツ地球変動諮問評議会（WBGU）元事務局長。ローマクラブ（Club of Rome），世界未来会議（World Future Council），バラトン・グループ（Balaton Group）の会員。
2019年よりリューネブルク・ロイファナ大学の名誉教授。
2020年11月より，同年ハンブルクに設立されたシンクタンク，ザ・ニュー・インスティテュート（The New Institut）の研究主任に就任。
2019年，市場経済的環境政策のためのアダム・スミス賞，2021年にはエーリッヒ・フロム賞を受賞。

DTP　岡田グラフ
装幀　廣田清子

希望の未来への招待状
――持続可能で公正な経済へ

2021年6月22日　第1刷発行

定価はカバーに表示してあります

著　者　マーヤ・ゲーペル
訳　者　三崎和志・大倉 茂
　　　　府川純一郎・守 博紀
発行者　中川　進

〒113-0033　東京都文京区本郷2-27-16
発行所　株式会社　大月書店
印刷　太平印刷社
製本　ブロケード
電話（代表）03-3813-4651　FAX 03-3813-4656　振替00130-7-16387
http://www.otsukishoten.co.jp/

©Misaki Kazushi et al. 2021

本書の内容の一部あるいは全部を無断で複写複製（コピー）することは法律で認められた場合を除き、著作者および出版社の権利の侵害となりますので、その場合にはあらかじめ小社あて許諾を求めてください

ISBN978-4-272-43104-5　C0036　Printed in Japan